丛书主编　沈渝德　赖小静

高 品 主 编

陈启林　齐晓姝　刘健　副主编

高等院校会展与设计专业系列丛书

SHANGYE KONGJIAN SHEJI

商业空间设计
——品牌第四维

国家一级出版社
全国百佳图书出版单位

西南师范大学出版社
XINAN SHIFAN DAXUE CHUBANSHE

总 序

高等院校会展与设计专业系列丛书

　　会展业是现代工业化和城市化的产物，我国自加入 WTO 以来，融入世界经济体系的步伐开始加快，特别是 2008 年北京奥运会、2010 年上海世博会以及 2010 年广州亚运会的成功举办，给我国会展业带来了新的发展机遇，国内各地出现新的会展热。许多城市都投入大量资金修建各类会展场馆，并以此作为城市建设的亮点；展馆面积成倍增加，办展规模和参展范围急剧扩大，目前已经涌现出一批在国际上具有一定影响力的名牌展览会，而且各种展会的数量还在不断增加，各界也提出了提高会展质量的新要求；城市出现会展热，城市会展业正迅速发展成一个具有广阔前景的产业，特别是在北京、上海、广州等主要会展城市，会展经济对城市经济发展的拉动作用十分显著。

　　在这样的背景下，国内各高校相继开设会展类专业，主要包括会展策划与管理、会展设计两大方向，为中国会展业培养了大量的人才。然而，随着会展经济的大力发展，社会对会展从业人员的要求也越来越高，无论是从业人员数量还是质量，都无法满足当前社会的大量需求。如何培养真正适应市场需求的会展人才，建立特色的教育教学模式，成为高校亟须研究的课题。

为了适应会展设计专业的发展趋势，规范会展专业的教育教学，四川美术学院与西南师范大学出版社联合组织规划了"高等院校会展与设计专业系列丛书"。本套丛书主要针对高等院校本科教学开发，我们精心组织教师策划选题，研究内容，结合实践课程体系和教学情况的分析总结，根据行业特点和专业特点，借鉴探索创新与实践相结合的专业课程体系和教学内容，在教材编写中注重体现会展设计专业的实践性，尽力克服教学中理论与实践脱节、教材编写与行业需求跨度过大等问题，力图为广大会展设计专业学子和从业人员呈现一套综合系统性、理论性、实验性、实践性的实用教材。

本套丛书包含了展示策划、展示空间、展示视觉传达、展示材料研究、展示道具、展示照明等板块，教材的编著者们都具有丰富的教学经验和项目实践经验。但由于会展设计专业作为新专业，建设时间短、课程建设和教育体系还在不断完善中，本套教材尚有许多值得商榷和提升的部分，期待广大师生和会展从业人员使用之后提出宝贵的修改意见，以帮助我们进行修订完善。

四川美术学院　　沈渝德

前 言

商业品牌与展示空间都属于设计专业学习研究的重点。多年的教学和设计经验告诉我们,仅仅学习掌握品牌知识,不能完全满足很多实际项目的系统性设计。例如,广告设计师设计品牌形象后,品牌应用会遇到很多材料、材质、布局、陈列、装饰等广告制作上的规矩与技术问题无法解决,展示设计师又很少能了解到品牌设计的理念。另外,现在许多学生的学习圈子相对狭窄,而商业展示的学习却需要一个开阔的眼界。如何解决这些问题,就是作者编写这本书的主要目的。另外,本书也可作为品牌创立者或投资者的指导与能量书,通过阅读,使之积累关于品牌空间的专业设计知识,进而使品牌营造与发展之路更加顺利平坦。

本书融合商业品牌与空间展示设计的知识要点,为平面设计理论补入空间品牌要领,为展示应用补充品牌营销规范,从两种知识领域中提取先锋型实践知识来指导读者。为了本书的著述,作者近年来曾到欧洲一些国家考察,对这些国家的商业品牌展示空间现状进行了详细考察和分析,本书收录了这些考察案例、笔记资料与研究成果,令人耳目一新,这些对于读者而言是难得的学习资料。

此外,本书在回顾传统商业品牌与展示空间发展的基础上,着眼于现实操作需要,结合现代科技发展与设计实践,深入阐述了商业品牌与展示空间的现代设计理念,体现了对传统商业品牌与展示空间知识的继承和发展,力求使读者思路开阔,眼界拓展,灵感闪现,激发读者产生设计创作的动力,与时代同步,与科技同步,与需求同步,内生品牌形象和视觉空间的大师级设计艺术效果。

本书分为五个章节,紧扣主题,抓住重要知识点,结合实际应用,渐进式指导读者,使之理解并掌握这门学科。

作 者

目 录

商业空间设计——品牌第四维

002

第四教学单元

国外知名品牌终端店赏析　097

第五教学单元

中国品牌设计现状分析及前瞻　117

第一教学单元

品牌与空间展示设计历史篇

导言：商业空间是伴随人类文明进程逐渐发展起来的，了解和学习古今中外的品牌与空间展示发展史，可以欣赏到人类历史长河中出现的众多经典之作，也可以了解到不同历史时期的经典设计表现形式，进而明晰品牌历史发展的演化轨迹。"以史为鉴"对于研究商业品牌设计同样适用。

学习关键词：展示艺术、古老的商业展示形式、商业空间展示、商业品牌、品牌终端。

学习建议：通过本章学习，掌握展示的发展史，了解不同时代、不同领域、不同风格的展示空间对品牌设计发展的影响。

展示设计的历史与发展

展示艺术的萌芽与演变

1. 远古时期

远古时期的展示形式主要是指原始时期的祭祀展示、悬挂图腾以及物物交换。当时的商业贸易还不发达，物物交换形式简单，因此主要以前两者为盛。远古人崇尚和敬畏自然界的未知力量，因此祭祀展示的形式相对隆重，主要以牲畜、食物、酒水等为展品，铁器、陶器等器皿为展具。而图腾作为一个部族或部落的精神象征，一般它的展示也具有某种意图性，常或悬挂或摆放。物物交换的展览展示主要为当时处于萌芽时期的商业服务，用于交换的物品会有意图地摆放或分类别陈列在地上，后来出现了专门摆放物品所用的摊床。这便是商业展示的雏形。

2. 封建时期

封建社会的展览展示主要体现在两方面：宗教活动与商业活动。宗教活动延续远古时期的精神要义，以更加宏大的形式进行。博物馆、官邸等的陈列，神殿、庙宇、石窟以及教堂等都成为这一时期的主要宗教展示形式和场所。随着封建社会体制的完善，商业发展越来越繁荣，商业展示形式也越来越丰富，主要体现在店铺行会和集市贸易等方面。从出土的当时的文物可以看出，为了促进商业贸易的发展，商家开始有组织有目的地进行宣传展示。《清明上河图》中所描绘的店铺门面、药局布行等，其店面及物品陈列都是经过有意图的设计和摆布的。到了封建社会晚期，已经出现了博物院。中国近代有记载的最早的博物院一般认为是 1873 年在上海成立的徐家汇博物院。这个博物院是由法国籍耶稣会会士韩伯禄创办的，后迁往法租界吕班路，主要展品为自然标本与中国文物。1874 年，英国皇家亚洲文会北中国支会在上海开办了亚洲文会博物院,主要藏品为自然标本和古文物美术品。以上种种,说明当时因文化交流的需要而创立的博物院,也对系统的展览展示形式的出现起到了促进作用,这些现象已经从形式和体制上具备了现代展示的雏形。

3. 近代资本主义时期

近代中国民族资本主义的兴起以及与外国资本主义的贸易往来,促进了店面商铺展示以及广告的进一步发展,商业展示形式也越来越多样化。为满足商品贸易的需求,出现了路牌广告、车体广告、霓虹灯广告、报纸杂志广告、月份牌等广告的专用印刷品,甚至出现了广告公司,可见当时对于品牌形象与广告宣传的重视程度,而这些都与当时的商品经济发展密不可分,也正是商品经济的不断发展才促进了商业展示形式的完善与多样化。还有很重要的一方面,就是当时的展会与博物馆发展也空前的繁盛,内容涉及古玩文物、自然标本、动物植物、建筑建材、科技文化等方面。清朝灭亡一段时间后,故宫博物院开始对外开放。能够走进这封闭千年的象征皇权专治的皇家禁地,是之前普通百姓连想都不敢想的。

古老的商业展示设计形式

1. 叫卖展示

叫卖展示是通过即时声音传播的一种最原始、最简单的广告方式,也被称为叫卖广告。古希腊的奴隶社会时期,人们在进行奴隶、牲畜等商品贸易时,以叫卖、吆喝的形式吸引买家,这种方式即是原始口头广告的雏形。我国宋代《东京梦华录》中有云:"季春万花烂漫,卖花者以马头竹篮铺排,歌叫之声,清奇可听。"这里卖花人的声音就是一种叫卖展示。(图1-1)

2. 实物陈列

实物陈列广告是以商品本身作为媒体进行宣传展示的广告,其以实物陈列的形式来吸引顾客。商家通过展示商品,给客户自主选择商品的权力。"以物换物"是古老的实物交换方式,其目的是销售商品,是实物陈列广告的原始方式。实物广告在古代很普遍,在古代埃及、中国、印度、希腊等国被广泛采用。我国春秋战国时期,有大量剩余商品出现,为了加快商品交换,商家们纷纷通过实物展示的方式供顾客选择商品,这样的实物广告之后逐步盛行。《史记·司马相如列传》记载"相如买一酒舍沽酒,而令文君当垆",其就是在店铺前用土垒出垆,放置酒瓶,文君在垆边卖酒,以垆作为店铺的标志。当今社会商品陈列、样品推销、橱窗广告、试吃试用等,均是以实物为媒体的新型实物陈列广告形式。(图1-2、图1-3)

3. 悬物展示

随着社会生产技术的发展,实物陈列广告又发展为悬物广告的形式,这样的广告形式更加吸引顾客。一些店铺在门前悬挂与其经营有关的物品或标志物作为广告,这种广告方式有很悠久的历史。唐代以后,酒楼、饭馆的特色之一就是在门前悬挂灯笼,主要用于夜市买卖,照明灯具在夜间发挥其作为"幌子"的作用,目的是传达出店铺的气

图1-1 《清明上河图》局部 叫卖展示

图1-2 《清明上河图》局部 实物陈列

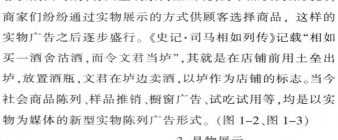

图1-3 《文君当垆》实物陈列

氛,并且多数反映了店铺的级别,起到了与挂招牌和横幅相同的广告效果。五代十国以后,商业贸易十分发达,夜市更是繁华热闹,灯笼制作也更为新颖先进,这也使灯笼作为广告工具的功能发挥到了极致。(图1-4、图1-5)

4. 悬幌展示

"幌子"原义指窗帘、帷幔。幌子广告是指古时候商家把表、帜、帘等悬挂于门前以招徕顾客的广告形式,这是一种特殊的通过视觉传达到知觉的传达信息的广告方式,具有物质与精神相统一的特性,起到了视觉上的装饰效果,发挥了广告传播产品信息的作用。

幌子可分为实物幌、形象幌、文字幌等。不同民族区域或者不同行业还会采用属于自己的独特的幌子形式。

制作幌子的材料一般是木材、油漆、竹篾、丝、棉、皮革、天鹅绒、纸张、铜、柳藤、马尾草、亚麻、发带、角、鸟羽、锡锭、粗陶、蒲包花等容易找到且性价比高的材料。

实物幌展示是以经营的物品或物品模型作为标志悬挂在门前的方式,如伞店门前通常挂满伞作为标志。形象幌在图形选择上皆以吉祥元素为主,像龙、桃、莲花、祥云、如意等都是劳动人民喜闻乐见的图案,如药店选择用寓意吉祥的图形做幌子,方便顾客快速记忆和寻找。文字幌是招牌的雏形,通常以单字或双字作为经营标志,如当铺以一个"当"字为标志。(图1-6~图1-8)

图1-4 《清明上河图》局部 悬物展示

图1-5 灯笼展示

图1-6 伞店的实物幌
以伞的形状和材质为幌

图1-7 药店的形象幌
以寓意吉祥的图案为幌

图1-8 当铺的文字幌 以木板刻画"当"字为幌

5. 招牌展示

招牌最开始是一种无字的布帘,随后慢慢以木牌代替布帘,文字幌是招牌的雏形,后在木牌上刻写出店铺名字挂在店铺门前作为标志,这是很多商业场所常见的广告形式之一。招牌广告横幅悬挂,是从先秦开始不断发展而来的,唐朝时由官府统一管理,到了宋朝以后整个城市和农村几乎每家店铺都有自己的招牌名称。招牌广告在宋代非常流行,至明清时期逐步发展成熟。据宋代画家张择端的《清明上河图》记录,汴梁城东门附近十字街就有各类横额、竖牌等广告牌 30 多块。(图 1-9)

老北京的招牌十分丰富多彩,是一道特色风景线。比如"吉祥戏院""同仁堂""东来顺"等都是有名的招牌。店名朗朗上口的店铺容易树立品牌形象,所以一个好的店名可以为店铺带来好运气。(图 1-10)

现代展示设计的确立与发展

1. 世界级博览会的出现及发展

世界历史上第一次世界级博览盛会,是 1851 年在英国伦敦海德公园举办的万国工业博览会,主题为世界文化与工业科技。博览会的会馆被誉为"水晶宫",其设计大胆,由铁框架和玻璃组装而成,象征工业革命成果。据记载,这次博览会展出精品 14000 余件,包括英国的机床、机车、冶金、轻纺及细瓷产品等。先进的转锭精纺机、蒸汽机让与会者惊羡不已,它们是能够体现当时工业革命水准的标志产品。此外还有很多其他国家的发明与工业化产品。在 5 月 1 日开幕至 10 月 11 日闭幕的 160 余天里,水晶宫共接待包括欧洲各国、美国、加拿大、中国、印度等国家的观众 600 多万人,盛况空前,可谓史无前例,开创了展示设计的历史新纪元,标志着现代展示设计学科开始形成。之后,于 1889 年举办的巴黎万国博览,是 19 世纪最大的一次国际博览会;1937 年在巴黎艺术和技术博览会上出现了汽车等交通工具展品;1958 年布鲁塞尔万国博览会上第一次提出了"如何使科学与人类共存"这一主题;1964 年纽约世界博览会第一次让核融合试验成为公之于众的话题;1975 年冲绳国际海洋博览会是第一次以海洋为主题的专题博览会;1992 年西班牙塞尔维亚世界交易会聚集了大量的展示设计师;2000 年汉诺威世界博览会的主题为"人类—自然—科技:一个新世界的诞生",这次博览会充分展示了尖端科技在环境保护以及可持续发展方面所做出的贡献;2010 年中国上海世界博览会,主题为"城市,让生活更美好"。(图 1-11~图 1-13)

2. 现代展示设计的包装形式

包装形式是展示设计中非常重要的内容。随着不同时代科技和商业发展的进步,商展中的包装形式

图 1-9 《清明上河图》局部 招牌展示

图 1-10 "同仁堂" 招牌展示

图 1-11　万国工业博览会

图 1-12　万国工业博览会水晶宫内景

图 1-13　2010 年中国上海世界博览会中国馆

也发生了很大变化。就包装以及展示材料的材质而言,经历了从原始社会人们直接使用的一些自然界中的植物动物,如大叶片、竹子、葫芦、贝壳等,到便于商品交换的物件,如陶器、铜器、铁器、瓷器、布、纸张等,再到现代工业时代五花八门的各类材质的变化。相比来说,现代展示设计中的材质表现几乎无所不能,这显示出先进工业技术在现代展示设计中的重要作用。

　　3. 现代展示设计的内容题材

　　从内容题材上来看,现代展示设计所涵盖的内容与意义可以说包罗万象,不再局限于初期单纯的宗教信仰或商品交换,现代展示旨在宣传和提倡各种思想,这体现出现代展示设计思想的先进性。

商业空间展示设计

商业环境与空间

1. 商业环境

在这个商业繁荣的时代里,越来越多的大型商业场所相继登场,汇集成新的商业环境。商业环境泛指以销售产品为主要目的的公共交换场所,包括百货商场、大型购物中心、商业街、专卖店、超级市场等。商业环境是传统商业形式的主要载体,市场形象体现着商品的应用属性和价值属性,是引发消费者购买行为的重要手段。(图 1–14)

图 1-14　东京银座购物区　霍楷　摄

图1-15 位于伦敦市商业中心的ZARA品牌专卖店 张志国 摄

图1-16 位于伦敦商业区的品牌橱窗展示 张志国 摄

2. 商业空间

空间，英文为space，是与时间相对的一种物质存在形式，表现为长度、宽度、高度。空间分数字空间、物理空间与宇宙空间。商业空间是指专门从事商品或服务交换活动的营利性空间。从宏观角度来看可定义为：与商业活动有关的具有设计感的空间形态。从微观角度出发，则可以理解为：当前社会商业活动中所需的空间设计。空间与展示艺术是密不可分的，甚至可以说展示艺术就是对空间进行组织利用的艺术。从展示设计的概念、本质与特征、范畴以及程序等来看，我们可以发现，空间的概念贯穿始终。我们需要考虑特定空间的尺寸、容量，以及从平面布局到内部设计，从人行路线到段落规划，以及质感、材料、色彩、灯光、工艺等。

图1-17 GAP品牌专卖店 高品 摄

一个好的商业环境,应该是对商品与需求的恰当诠释,可以对购买进行正确引导。商业空间环境是人类活动空间中最复杂最多元的空间类别之一,顾名思义,商业空间即以营利为目的的营业行为所需的活动空间。给人印象最深刻的是商业环境里承载着各种各样的商业展示空间,一般由商业建筑物、商业店面、橱窗、霓虹灯、广告等要素构成。它们紧密聚集,进行生动有机的结合,从而创造出良好的商业文化氛围,达到吸引消费者并引导他们消费的目的。商业空间设计所涉及的内容十分广泛,小到店铺的招牌、LOGO,大到综合性的商业大楼、购物中心以及整体商业区的规划。销售企业作为商业的一种表现形式,目前正如雨后春笋一般,活跃于国际国内商业市场空间中。(图1-15~图1-17)

3. 商业空间的功能体现

商业空间有别于民居,具有六大功能价值。

(1)商业服务价值

商业空间是指为商业运作而建立的空间体系,其首要功能价值便是商业服务价值。现代商业社会,信息的大量传播为其提供了空前的发展机遇,正因为如此,为确保其不被淹没在"信息爆炸"中,使商业品牌终端得以顺畅运作,一个行之有效的商业模式和传输空间就显得非常重要,而为特定品牌终端设计的空间展示系统能够有效解决这一问题。商业空间就是能使品牌及其产品与大众零距离接触的最直接的终端空间,它的呈现形式有很多种,包括有形或无形的服务,例如休闲、购物、咨询、兑换、租赁、修理、餐饮等。无论是哪一种,无不是为宣传其品牌与产品服务的。(图1-18)

图1-18 甜品店 高品 摄

（2）艺术展示价值

一般情况下，商业空间以商品陈列展示为主，这是其最根本也是最直接的目的与意图。但在形式上，除了一般意义上的商品陈列，商业空间还可能呈现为多种形式，以便更好传达其信息意图。从形式来看，包括舞台上的动态表演，各种形式的广告发布，POP 及有关商品自身以及附加信息的传达等。形形色色的艺术形式是为了打破传统，让令人备感乏味的单纯的产品展示，根据商品的需要重塑更具艺术审美价值的空间环境，体现人性的回归，给人带来耳目一新的感受，同时提升商品的价值。将艺术融于商业，这是现代商业品牌形象塑造的突出特征。因此，好的商业空间设计不仅为品牌及产品的输出提供畅通渠道，它的艺术性升华更可为提高商业品位与品牌价值发挥无可取代的作用。图 1-19 是一个名字叫作 PENELOPE 的寝室用品店铺，这家店铺的产品材料主要是鹅绒。为使产品特性展示得更加立体化与艺术化，使产品形象深入人心，广告商将橱窗大胆布局成一个透明玻璃制作的封闭空间，在空间底部安装了类似风筒的装

图 1-19　PENELOPE　寝室用品店　高品　摄

置,在风的作用下,柔软的鹅毛在玻璃窗内四处飘散,美轮美奂,路人仿佛看到了一件美妙的艺术作品。这种橱窗广告的设计形式,既将产品材料特征表现得淋漓尽致,也把公共艺术语言完美地运用到了广告设计中,使广告作品具备了双重价值,店铺也因此吸引了众多关注。

（3）娱乐价值

商业空间的娱乐价值旨在营造轻松的商业及购物环境,以满足消费者轻松自在的购物体验。在日益成熟的市场经济环境下,人们的生活水平也日益提高,人们已不再满足于单纯的购物活动,在购物过程中,一种内在的商业活动体验显得尤为重要。因此,在保证功能空间的规划和各类基本配套设施完整的基础上,更要注重通过造型要素、色彩要素、装饰要素、灯光要素、听觉要素等各种手段,使商业行为成为一种休闲性、娱乐性的多功能综合购物体验,以实现"轻松购物"的现代消费理念。（图1-20）

图 1-20　位于伊斯坦布尔的集商业娱乐于一体的购物空间　高品　摄

（4）商品交易价值

商业活动中所需的空间设计，是为实现商品交换、满足消费者需求、实现商品流通的空间环境设计。展现自身的品牌形象，展现商家的经营理念，创造品牌附加价值等，都是为了商品交易得以最终实现。因此，交易价值是商业空间价值非常重要的方面，无论是销售方还是消费方，商品交易的环境产生的交易体验以及交易结果都对其有着直接引导或潜移默化的影响及作用。（图1-21）

（5）广告价值

人们常说，在信息社会中广告无处不在，因为广告是传播信息最快捷的途径。广告成为商业传播与发

德国慕尼黑大型室内商业街

图1-21　高品　摄　　　　　德国慕尼黑零食卖场

展中最为重要的环节之一。因此,有效利用各种空间媒介可以为广告的传播提供有利的帮助,在商业空间展示中的广告价值便体现于此。通过相关广告展示,推销品牌,完善品牌形象,使商业空间在与广告的互动中实现统一,进而实现空间展示的广告价值。(图1—22)

(6)文化价值

无论是商品陈列还是娱乐活动,其本质都是文化活动,各类流行趋势也是一种文化。因此,商业空间展示实为一种包含文化意味的呈现形式,它体现了具有时代烙印的科技水平、审美情趣、观念意识等多方

图1—22　玩具店橱窗　高品　摄

面的商业文化价值。(图 1-23)

商业空间展示设计

完整的商业空间展示设计的执行内容包括商业布局规划、建筑室内规划设计、视觉识别、市场营销策略、跨界整合的整体解决方案等。通过商业空间展示设计,要保证展示效果与商业项目的精准结合,达到目标客户的认知,并与企业文化及经营理念相一致,最终达到市场的认可效果。

1. 展示设计空间的个性特征

商业展示和空间设计艺术之间相辅相成。展示设计的程序以及范畴,都是以空间艺术表现贯穿始终的。

(1)展示空间的两重性

展示空间表现为两重性特征,这种特征既是相对的,也是绝对的。在展示空间中,范围、形状、功能等

图 1-23 伊斯坦布尔巴格达大街上的阿玛尼卖场,卖场内设有文化咖啡馆　高品　摄

要素构成和决定了空间性,同样,空间也决定着这些要素的形式。"有形"的围物使"无形"的空间固定,形成了概念中的空间形式。"无形"的空间赋予"有形"的围物实际意义,没有空间的存在,其本身的价值也不复存在。

（2）展示空间的时间性

时间代表着运动,如果我们仅探讨静止的空间就太具局限性了,在展示空间中,如果给三维空间加上时间轴,那么第四维概念就出现了,爱因斯坦的相对论启示了人们并使人们对空间的认识更加深刻。空间是可见实体要素限定下所形成的不可见的虚体,与感觉它的人之间所产生的视觉场所,是源于生命的主观感觉,而这种主观性和时间密不可分。也就是说,在商业空间展示环境下,人们动态地去观赏展品,时间就是更好地体现这种动态观赏的方式,在这个过程中,观者在时间的流逝和空间的变化中展开感观体验,并且由于时空的变化,这种视觉体验也发生着改变。因此,展示空间的时间性是客观存在的,在展示设计中,我们要学会运用时间这"第四维"去创造更丰富完美的动态空间形式。

（3）展示空间的流动性

商业展示空间具有流动性特质。在一定的展示范围内,为了更好传达商品信息,设计各种展示手段与方法,使受众置身于商业展示空间之中,进行动态的节奏性的观赏,通过有引导性的规划设计,使其在三维空间中体验时产生四维效应。

2. 商业空间展示设计的功能

展示空间最重要的设计功用在于使观者在固有的环境中了解商品信息, 并使这种信息传达更准确、快捷,从而使受众产生购买欲望。因而,在展示设计中,如何有效提高商品本身品质是值得研究的问题。除此之外,所展对象的陈列形式以及展示产品的艺术布局也能表现出商品本身的深刻内涵。另外,我们除了研究一般空间设计的基本原则之外,还应进行相应观者心理因素研究,其中包括视觉生理现象和心理过程。商品与环境有目的性的结合会形成丰富的视觉要素,并会针对不同观者产生多样的视觉影响,从而最终实现商品信息的传递。人眼观察事物的方式具有共通性,因此,研究视觉规律是必要的。基于视觉观察的相同点,商业空间展示中大量引入构成因素,其中包括熟知的平面构成、色彩构成、立体构成等,并且在商业空间展示中形成了固有的设计原理和法则。

商业展示空间,从功能上可大致分为三类。

（1）展示性

除产品展示之外,还包含品牌动态展示、广告展示以及 POP 等有关商品自身以及附加信息的传达。

（2）服务性

商业展示空间可以同时扮演更多的角色,它可以给客户提供一些人性化的服务,包括导购、兑换、咨询、餐饮、租赁、休息等。

（3）文化性

商品在空间中传达所营造出的文化信息隶属于企业文化范畴。

3. 商业展示与陈列

商业产品或服务与受众见面的舞台是通过展示与陈列最终搭建的, 其中包含的因素有展示环境构架、立体尺度、视觉识别、展示广告发布、灯光道具、商品陈列方式,另外如果有需要,活动期间可推出广告表演、演示说明等。空间规划与成本预算是设计师的基本技能,材料、材质、灯光、布局、陈列、装饰等是空间的基本元素。商业展示空间是展示设计中的重要部分,商业展示的主体是品牌,而目前艺术院校中的展示设计课程中,更注重的是空间设计概念的学习,而很少将品牌课程与展示设计课程结合起来进行教学。

商业品牌设计

商业品牌

品牌是一种识别标志、一种精神象征、一种价值理念，是品质优异的核心体现，是一种名称、术语、标记、符号或图案，或是它们的相互组合，用以识别某个销售者或某群销售者的产品或服务，并使之与竞争对手的产品和服务相区别。公司的名称、产品、服务及商标，和其他可以有别于竞争对手的标示、广告等一起构成公司独特市场形象的无形资产。

CIS 战略

一个企业的良好经营离不开正确的现代化经营战略。而这个经营战略，是该企业的识别系统，简称CIS。传统的 CIS 主要包括 MIS、BIS、HIS、VIS。

1. MIS（理念识别系统）是企业识别系统的核心与原动力，属于意识层面，也可称为经营理念。根据目标与任务，制订总体管理规范与整体制度，其实质在于确立企业自我形象，以区别其他企业，是企业价值观、策略、目标所构成的共同体。

2. BIS（行为识别系统）是企业识别系统中的管理规范和行为准绳，以完善的经营理念为核心，表现企业内部的经营制度、管理模式和教育层次。其表现可引申为公共关系中的动态识别形式，对企业理念的传播有着重要作用。

3. HIS（听觉识别系统）是企业的听觉商标，以声音的形式传达企业的信息和语言，是企业建立名牌战略必不可少的手段。以听觉形象传达企业个性品质，能起到强烈的标识作用。

4. VIS（视觉识别系统）是根据 MIS 设定的，对其进行视觉解释，将抽象语意转化为具体的符号概念，

图 1-24　玛丽莲凯丽品牌终端效果图　沈阳艺林广告公司作品

塑造出独特的企业形象,以达到高度认知的宣传作用,在整体识别中占据主导地位。在 20 世纪 80 年代,"VI 设计"这个概念由日本传入我国,随着商品经济的发展,VI 设计成为塑造产品形象的最重要的设计手段之一,它作为品牌视觉传播系统,是产品同质化的产物,是品牌的视觉外延。鉴于它的重要性,多年来,VI 设计成为视觉传达设计专业的重要必修课与设计师应掌握的基本功。

　　VIS 主要由标志、标准字、标准色等基本元素以及应用组成,为了塑造独特的传媒品牌形象,视觉识别将一系列抽象概念转换成了具体符号。视觉识别的优势在于它最直接、最明显的传播效果。做一个最恰当不过的比喻来帮助我们认识视觉识别系统:如果品牌是商业竞争中的一张张灵动的面孔,用户需要通过媒介辨识与认知它们,从而最终接受它们,那么,视觉识别就是这些面孔上精致的妆容,用户通过它来感受品牌特质。根据不同的时间段和场合,妆容可以展现不同的外表,也正是不同妆容的展现使面孔呈现多样性特征。因此,正是 VIS 的导入使原本同质化的产品和服务拥有了更丰富的视觉表情。这种视觉上的差异性展现,来自于品牌个性的提炼,呈现出了统一、和谐的视觉效果,提升了品牌形象的识别度,从而打造出独一无二的品牌形象。

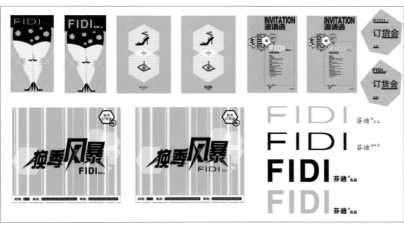

　　随着现代化需求的不断提升,企业需求不断增加,设计师的创意思潮不断更迭,企业识别系统中增加了新的脉络,即本教材所要研究的重点——SIS 空间识别系统,也称终端识别系统。(图 1-24、图 1-25)

图 1-25　芬迪品牌视觉识别元素　沈阳艺林广告公司作品

SIS 品牌终端设计

1. 第四维设计

维数是一个多义词，不同的学科用它表示不同的概念。简单来说，维数可以理解为某一事物变量的数量。在客观世界中，一维用来表现线性历史，二维表示平面，三维表示立体，四维则是在空间中表现线性历史。所以在艺术表现中，通常说舞台表演是一种四维艺术。

图 1-26　品牌在商业空间中的展现　高品　摄

在企业品牌的表现中，最具代表性的是商品。品牌的发展过程和商品的设计意向表现第一维，品牌的定位和商品设计方案表现第二维，品牌的成熟和商品的成品用来表现第三维，那么，品牌的推广和商品的营销则用来表现第四维。

品牌的设计是平面的，或可以理解为是二维的表现。空间展示设计是三维立体的。那么，品牌产品在终端空间的营销就是品牌在终端空间的完美表演，即作为品牌的第四维。

这也是一种跨界，要求用品牌的观念设计展示空间，或在空间展示之中运用视觉品牌效应。推理公式为：品牌+空间=SIS。（图 1-26）

2. 什么是终端

在很多营销与设计类的书籍中，"终端"这个词是很难被找到。从广义上理解，终端可以定义为商品从生产工厂到购买者手里的最后一个步骤，从这个意义上来讲，它可以定义为商品卖场、商品直销、邮购、展览会等。从狭义上看，终端可以理解为商品的零售卖场，也就是实现购买的场所，是产品的最终营销空间，是产品得以见到终极消费者的最广泛、最直接的展示平台，是商品销售的最后也是最关键的环节。我们一般讲的终端设计指的是它的狭义理解。因而，从视觉品牌意义上讲，做好终端就可以最大限度表现产品价值，赢得最广泛的消费者的青睐和支持。

3. SIS 品牌终端设计

SIS 品牌终端设计简称 SI 设计(STORE IDENTITY),它是营销终端空间系统,也叫连锁店识别系统,是 VI 系统因特定产品营销模式而强化的一个分支。相比于由大型企业集团实行品牌战略在国内引领起的 CI、VI 设计热潮,SI 设计更多的是针对有连锁加盟性质的企业而实施的店铺形象设计与管理系统。总体来说,终端形象视觉系统的组成涵盖了此类繁杂问题。"SI"或"SIS 系统"是目前行业内喜欢的一个叫法,意思是终端形象视觉系统从属于企业品牌识别系统,即 CI 或 CIS。也有人讲 SI 这个品牌终端系统和 CI 企业品牌系统一样,包含了理念、视觉、行为等子系统,这个说法也不矛盾,只是看从多大的系统范围来讲的。

商品经济使终端系统诞生,品牌理念使终端系统成熟,SIS 是终端空间的品牌化或品牌终端的空间化。SIS 程序不是 VI 与展示的简单集合,独特的运行内容和更高端的理念要求决定它要有自己的操作程序,同时要有符合自己程序的运行法则。SIS 品牌终端设计总体上包含两大程序:一是终端系统的视觉设计和施工执行程序,二是空间陈列软环境装饰程序。就像一个花园,土建之后一定还得栽花种草,这样才算成品。(图 1-27~图 1-33)

图 1-27 大型户外品牌终端店 高品 摄

图 1-28 C&A 流行服饰品牌终端店 高品 摄

图 1-29　YAYGAN 儿童品牌终端店　高品　摄

图 1-30　VERO MODA 流行服饰品牌终端店　高品　摄

图 1-31　GAP 服饰品牌终端店　高品　摄

图 1-32　土耳其 Penti 品牌终端店　高品　摄

图 1-33　JACK JONES 流行品牌服饰终端店　高品　摄

思考题

1. 古老的商业展示设计形式有哪些？这些展示形式对于今天的空间营造有什么积极作用？

2. 商业展示空间从功能上大致分为哪几种？

3. SIS 品牌终端设计的定义是什么？讲讲它与 VI 设计的区别与联系。

第二教学单元

商业品牌与空间展示设计篇

导言：在商业展示设计领域，难度最大的是如何让商业产品更加完美地展现，从而树立更加完善的品牌形象，进而成为品牌精英。设计创新是这个过程的关键环节。设计并不是一个僵化的过程，展示设计在充分了解不同客户需求的基础上，通过营造良好的陈列形式，设计整体空间的色彩、质感以及风格，最终使作品更加深刻新颖。

学习关键词：陈列艺术、色彩设计、商业品牌风格视野、学习积累。

学习建议：通过本章学习，掌握品牌空间的陈列方式，了解色彩、质感以及传统理念对品牌空间设计的作用与影响。

品牌空间中的陈列设计

陈列，通俗来讲，是把商品摆放出来给大众看。而在品牌终端设计中，陈列是一个品牌营造的重要部件，它绝对不是单纯的摆放，而是按照种类、品级、价格，把商品分类展示给消费者，根据品牌营造目标与产品个性特征，它可以表现出不同的风格特色，是品牌终端设计中的重要环节。

以下为不同环境背景下的陈列方式，对比之后思考一下，品牌终端设计中的陈列方式都应该有哪些类型？

如何选择品牌终端的陈列方式

1. 陈列类型定位

在这里我们举个例子加以说明。我们准备五个小的展台，一些同样品牌、同样规格、不同颜色的钢笔。A 展台上把钢笔铺满，当然，可以按不同颜色分组；B 展台上每种颜色的钢笔只要一支，做一个长的笔托把钢笔认真摆好;C 展台上只摆一支笔,笔托也要换个精致点的;D 展台则要在 C 展台基础上像博物馆陈列古董一样罩上玻璃;E 展台仍然有事可做,比如加上一个高档 LOGO,附带摆一张精美的卡片。(图 2-1)

做好这些之后,可以任请一个消费者,让他分别猜测这五个展台上钢笔的价格。不用说,大家早就在心里有了答案。

商品的价值就是通过各种方式的陈列表现给顾客的,这里会引申出许多新问题。比如,产品准备卖多少钱?消费者层面是哪一类?产品是休闲类还是西装类,时尚类还是绅士类?还包括所针对的性别年龄等。做陈列设计时,应通过以上因素来决定选择什么类型的陈列。此外,并非让产品越显贵越好,而是陈列方式越恰当越好。商品陈列是一个相当重要的后期程序,现代家庭装修讲究三分装七分饰,商品摆台也绝非简单的事。很多的品牌初创者都忽略了陈列的专业性,这好比有了漂亮的模特就以为穿什么衣服都好看了,其实不然。

2. 宁做减法,不做加法

陈列色彩和道具是陈列设计中的重要因素。在设计格式确立的条件下,陈列设计中经常会出现物品摆放不规则,小道具不考究、太杂乱,环境摆设用色过多,工艺太毛糙等问题,这时不妨尝试着运用“宁做减法,不做加法”这个法则来进行修正。一步步减掉其中一部分非主流色、非主流道具,甚至干脆一次性减到只剩下一两种色、一两种道具,此后安静下来退到远处看一看效果,或许就会有意外的收获。

品牌陈列案例

1. 宜家家居

宜家家居是全球最大的家居装饰产品销售商,它从一个销售钢笔、皮夹子、画框、装饰性桌布、手表、珠宝以及尼龙袜等物品的小店开始,到 2010 年才成了年销售额 23.1 亿欧元的国际级品牌。除了宜家家居创始人英格瓦的个人能力外,它的广告营销效果也是十分突出的。在宜家卖场里,每一款产品的摆设布局都经过了产品陈列师的用心思考,完美的造型布局设计赋予了产品闪亮的公共艺术化形象,它们就像是一件件公共艺术作品,使人们在选购的同时也体验着一种艺术化的商业空间。宜家的这种唯美的艺术化展陈设计,使得宜家家居的品牌文化迅速提升。(图 2-2)

2. Artizen 品牌

伊斯坦布尔的 Artizen 鞋店是一家专卖手工制品的品牌店。在陈列设计方面,Artizen 品牌不同于其他的鞋店,其陈列设计风格别具一格,设计师在整个店面装饰上并没有大费周折,相反,整个店面空间由几个设计特别的展示柜构成,这些展示柜完全选择木质结构,像蜂巢一样组合在一起。这样的陈列方式非常吸引眼球,也方便顾客用最快的速度浏览商品并试穿。(图 2-3)

图 2-1 钢笔的不同陈列方式

3. LV 品牌

在 LV 品牌卖场里,产品陈列的广告被巧妙地布局成了珍稀动物的主题,这种公共艺术化布局,使受众在欣赏产品本身的同时,也记住了一个理念,即珍爱稀有动物,它有强烈的社会公德意识,极具人情味与吸引力。(图 2-4)

图 2-2 宜家室内产品招贴陈列   高品   摄

图 2-4　LV 品牌公益橱窗陈列

图 2-3　Artizen 品牌艺术展柜陈列　高品　摄

品牌空间设计表现

空间美为的是创造一种欣赏性,而品牌空间的美在于恰当,因为空间打造出的气质与品位的差异,比语言更快、更直接地提示着消费者走向适合自己的品牌。如何实现空间美与美的恰当?简单地说,就是设计好整体空间的色彩和质感。

商业品牌空间色彩表现

1. 了解色彩

色彩是由不同波长的光组成的,这意味着有无数种色彩。科学研究显示,颜色影响人的生理和心理状态。美国色彩心理学家鲁道夫·阿恩海姆曾说:"严格说来,一切视觉表象都是由色彩和亮度产生,色彩能有力地表达情感。"由此说明,商业品牌空间中的色相对比选择将影响受众的购买心理和对产品的注意力,合理搭配色彩能更好地传达商业空间中的信息,促进商品的销售。

(1)色相极致对比

品牌设计者借助不同种类的色彩对比效果,营造不同的商业主题空间。

①单一色相对比

指某一颜色加入黑、白、灰后形成的深浅色对比,这种对比使人感觉稳定、温和与统一,但色彩差别性较弱,会有单调、枯燥的感觉,如果注意明度与彩度方面的变化会取得良好的效果。

②类似色相对比

指色相环中30°~60°间的色相对比, 这些色相有很多的共通性, 容易使画面产生统一性和稳定性。(图2-5)

图2-5 雨茜公主品牌终端店效果图 类似色相对比 沈阳艺林广告公司作品

图 2-6　BIL STORE 品牌服饰空间　对比色相对比　高品　摄

③对比色相对比

指色相环中 120°~150° 间的色相配色,在高纯度环境下容易产生强烈对比,给人一种活泼明快的感觉,是商业领域常见的对比方式,如果对比太过强烈可利用调整色相的明度与纯度来调和。(图 2-6)

④互补色相对比

指色相环中互成 180° 的色相对比,是最强烈的配色,不加以控制会产生十分不调和的感觉。使之调和的方法很多,可以改变色相明度与纯度,也可以改变面积比来求得调和,还可以加入间隔色来增强调和感。(图 2-7)

图 2-7　MARINA RINALDI 品牌服饰空间　互补色相对比　高品　摄

（2）黑白配

黑色与白色作为无彩色系颜色在商业空间中创造了反差强烈的视觉效果,适合表现极致对比的画面空间,意味着相反情绪的表达。这种对比也给人一种诚信与专业的感受,可以用它来创造一个公司的专业性特质,同时它非常受时尚界宠爱,是个性时尚类广告主题的常用配色。(图2-8)

（3）色彩冷暖取向

①暖色调

颜色的重要特性是"色温",它是人对颜色的本能反应。对大多数人来说,鲜艳的红色、橙色和黄色等颜色构成了温暖色调,适合表现火的色彩,给人刺激、兴奋的感觉。比如与食品相关的商业空间较适合采用暖色调,餐馆和快餐店使用红色和黄色更多见,有增加食欲的效果。温暖色调给人以柔和、温暖、舒适和热情的感觉,常传达与爱有关的主题,适于表现人与人、人与自然及人与社会之间的温暖情感。(图2-9)

②冷色调

蓝色、绿色、黑色等颜色构成了忧郁的冷色调,适于表现安宁纯净的场景,可以减缓人的心脏速率、降低食欲,利于镇静,是常见的健康、治疗色调。冷色调也预示可靠性和完整性。比如,科技、金融类机构的商业品牌一般常运用蓝、绿、黑等色调,以反映它们的产品价值。冷色调还是专业的制服颜色,比如邮递员、保安员和警察等都着冷色调制服。纯度较高的冷色调能唤起人们积极的情绪和体验,像天空的蓝色和植物的绿色,可以唤起户外活动感觉,较适用于清新、自然与健康的题材。(图2-10)

图2-8　VAKKO品牌终端店　黑白搭配　高品　摄

图 2-9　欧典品牌终端效果图　暖色调　沈阳艺林广告公司作品

2. 色彩与设计意向

色彩科学已被用于商业市场研究,运用这些知识来影响商业空间的效用,对商业品牌空间的发展非常有利。色彩选择是商业品牌定位的重要环节,因为色彩最能吸引消费者的注意力,进而促使他们阅读和购买产品。心理学家认为,色彩印象可以占到消费者接受或拒绝某项产品或服务的影响的六成。色彩认知感是人类在长时间发展进程中总结出来的,但这种认知感并非绝对相同,它与人文环境、流行趋势、性别、种族、年龄及个人爱好等紧密相关。商业空间设计中的色彩选择不只是对颜色喜好

图 2-10　ODIAN 品牌终端效果图(男人专区)
冷色调　沈阳艺林广告公司作品

的一般选择,还要分析影响色彩象征意义的各种要素,之后才能找到哪种颜色与品牌定位相匹配。

(1)红色

红色是女性喜欢的颜色,象征行动、温暖、力量、攻击、兴奋、戏剧、火与血、激情、爱情、危险、愤怒和热量等。红色能引起人们注意,当我们看到红色的广告牌,就会很自然地停下来看一看。红色能刺激一些情

绪,研究表明,人们在赌场赌博时,红色房间能够提高室温,这种特性胜过其他任何颜色。东方国家常视红色为喜庆和幸运,多被用在婚礼上;西方国家同时使用红色与白色,意味着欢乐。

商业广告中,红色常用于汽车销售、烘托节日气氛及食品业等。红色也适用于某种预示,如身体不好、血液病情和突发事件等,因此是一种强烈的警戒色彩。红色还适用于表现速度感、紧迫感、潜力与积极性等类型的主题,一般在商业空间中进行清仓销售活动时最容易被使用。

（2）橙色

橙色是充满活力和乐趣的色彩,能提高头脑清晰度,增加氧气流向大脑,促进温暖、幸福、知足感的提升,是有益于健康、近乎完美的色彩。橙色可以帮助一个昂贵产品表现出合理价格,吸引各种人群来欣赏和购买产品。橙色还是一种食欲刺激剂,对于维生素商店、墨西哥餐厅、舞厅,特别是拉丁美洲各国人和法国人的一些产品来说是不错的颜色选择。

（3）黄色

黄色是充满着阳光、朝气、欢快、俏皮、随和及乐观的广告色彩,非常适于儿童、食品、生活用品、娱乐等主题的广告营造和折扣店的广告运用。黑底上的黄色易视性最强,吸引关注度比其他任何颜色搭配都快,经常用于警示场合。大多数警告问题的黄色路牌被放在路上提示驾驶员和路人。

（4）绿色

绿色象征生命、自然、环境、青少年、重建、希望和力量等,是抚慰人的颜色,能够减少疼痛,让人感到安全。如绿灯是通行标志,使人有宾至如归的感觉。在广告色彩中,绿色可以做绝大多数产品与服务广告的代言色彩;在性格色彩中,绿色代表和平、友善、倾听,不希望发生冲突的性格,是和平主题的代言色彩;在户外产品广告中,绿色是环保主题广告代言色,给人们自然的户外感觉。在绿色系中,黄绿色促进人的食欲感,是很好的食品广告色彩。

（5）蓝色

蓝色使人感到平静、放松、安静、和平、智慧、忠诚和守信等,可以帮助人们接受自己和解决自身问题。蓝色也有助于提高生产力,很多企业都使用蓝色做标识广告色彩,是广泛应用于品牌公司的广告代言色,如旅游、医疗药品、酒店产品、汽车、心理咨询等。由于大部分食品没有蓝色的,因此蓝色被视为一种食欲抑制剂常用于减肥广告。同时蓝色也是在男女中最流行的颜色之一。

（6）紫色

紫色是复杂的、创造性的、豪华的、神秘的和富有的色彩,是时尚人士喜欢的色彩,很多奢侈品牌广告都选用这个颜色。紫色也常用于艺术、魔术、摄影等主题广告中,特别是常用于女性产品,如珠宝、美容、化妆品等广告中,其高雅的颜色气质还是餐饮品牌所喜欢的。

（7）棕色

棕色是怀旧、坚实、丰富、强大、成熟和舒适的色彩,是可以体现高端品质的配色,适宜欧美风格的设计。棕色给人以低调奢华的感觉,常用于简单细节之处,长于表现精致细腻,多作为咖啡、工艺品、茶叶、橱柜、时钟、首饰和怀旧家具等产品的代言色彩。

图 2-11　自由排列

图 2-12　按色谱次序排列

（8）无彩色

无彩色系列几乎可以无限运用，很多行业都可使用，充满现代感。可以将无彩色作为背景来衬托其他色彩，也可以把无彩色作为主色调，还可以在电影、企业形象、杂志、黑白报纸或某些主题招贴等广告上使用无彩色，特别是有些广告利用无彩色作为唯一色彩设计，彰显出特殊个性与魅力。

①黑色

黑色象征可靠、声望、权力、高雅、庄重、肃穆，是时尚界的宠儿，在许多时尚、奢侈品牌中可以看到它的身影，包括服装、音乐、影视等。康定斯基认为，黑色意味着空无，像太阳的毁灭，像永恒的沉默，没有未来，失去希望等。因此，黑色被看作是死亡颜色，甚至是巫婆、恶魔和邪恶的颜色。黑色也经常被用于电子类产品的推广，或者独具个性的房地产广告。

②白色

白色象征纯洁、洁净、美德、纯真和新鲜度等，常被用作婚纱礼品、医药用品、餐饮食品、科技产品及清洁服务方面的配色选择。在亚洲很多国家，白色是死亡的颜色，更多地用于表达对逝者的哀悼。

商业品牌设计师应具备为目标客户选择最佳颜色的能力，颜色运用是否得当与设计者的知识修养以及对色彩的辨识感觉和驾驭能力有关。

3. 对比强度与色彩组合

关于对比强度与色彩组合，我们可以通过一筒彩色铅笔来释义。

彩色铅笔的外观色彩鲜艳、光洁流畅，带有单纯的文化性。当它们无秩序排列时，传达给人的是跳动、活跃和朝气蓬勃的气息，从而联想到的人群是青年、女性这类具有无拘无束、浪漫性格的人，联想到的装束则是夏季假日的休闲装。（图2-11）

如果我们按照某种色彩规律重新安排一下这些彩色铅笔，秩序感马上让人觉得稳定起来。虽然依旧是这些色彩，传达的却是更多的理性和纪律性，人物联想就偏向中学生、运动员等充满朝气且具有计划性的人群，联想到的装束则是用于学习、训练或某种快餐类工作用的服饰。（图2-12）

接下来，我们再把排列好的彩色铅笔选择一下，剔除那些色感混合，态度不明朗的低纯度色，留下有明确色彩感的彩铅组合，一种爽朗、大方、心直口快的性格感便呼之欲出，就像目前流行的动感青年，喜欢活跃在不安分的表现场所，张扬、释放。（图2-13）

再换一种选择，把那些色感虽然清楚，但浓度清淡，犹如水洗褪色的颜色组合在一起，一种摒除了浓妆艳抹、除掉了人工合成、无刺激、平和天然、舒适贴身的感觉便传达给我们。这些色彩更像无染料的天然彩棉。所以那些价格较贵的婴幼品牌通常就是这种色系。（图2-14）

最后，我们把所有剩下的中间色调系列放在一起，偏于成熟的感觉出现了，这样的颜色适合中老年人群用品，或者用于表现偏向严肃、严谨的职业装束。（图2-15）

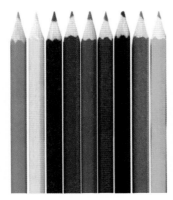

图2-13　鲜明色组合　　　　图2-14　淡色组合　　　　图2-15　中间色调排列

图 2-16　弱对比

图 2-17　强对比

图 2-18　极端强度对比

　　简单列举了以上色彩应用规则以后，有必要补充另一个色彩应用规则。一般来说，最暗的色与最亮的色放在一起色彩对比强烈，所表现的色感偏向冲动、干练、硬朗、态度鲜明；亮度（明度）和彩度差不多的色彩组合则较舒缓温和、安静含蓄；黑白之间的组合是超强对比的极端，表现分明、强势，没有中间态度，因而常用于表现成熟男子和绅士的高贵感。（图 2-16~图 2-18）

　　色彩组合中，色彩的多少能够鲜明表现其指向人群的年龄层与性格特点。一般来说，用色越多，其指向的人群越不成熟，跳动多变、张扬、青春、时尚、有性格；用色越少，则态度越明朗，越沉稳练达，越适合表现品位与身份。

　　4. 色彩实战案例

　　以下，我们以两个店为例，具体描述一下实用设计中色彩与质感的应用。

　　首先是"尚品·经典"店。工艺精到，突显品质。这是一家小型集成店，地处商业中心，主营鳄鱼和接吻猫两个品牌，希望店铺空间可以表现男士的霸气和经典的高贵，同时又不失灵动的智慧，最好还能带一点欧式风格。

　　我们为其选定了极端对比的黑与白为色彩主调，且两种色在使用面积上对等，目的是体现男人的冷峻和理性，同时不失时机地掺入发光的石黄和反光的黑金，并配以两盏欧式花灯，使整体色彩组合严峻而不冰冷，直率而有风度，刚硬却不失灵动。在工艺上，我们极大地强调了粗悍的直线、宽阔的边框、硬朗的转折、明确的层次秩序。做工严谨，接缝、搭扣、边角、折线无一不精确到位，毫不含糊，甚至最难加工的黑金玻璃镜的各种边线，也打磨得清清楚楚。严格的要求、精到的手艺让这个店里的产品平添神气，高贵感油然生成，店主高兴地称其为"视觉的高档，意外的实惠"。（图 2-19）

图 2-19　尚品·经典终端店设计　沈阳艺林广告公司作品

第二个店地处二线城市里最高档的国际鞋城,选材独特,个性制胜。这里鞋品牌云集,大店丛生,从一楼到七楼比着劲儿地追求"帅气"。这个店名叫"自由星期",主营女鞋,由于位处鞋城顶层,店少人稀,又是新开放的一层,所以,为了吸引客流,店主希望用个性化吸引首批顾客,并给他们留下印象。

我们从"自由星期"这个店名起步,从自由的假期,联想到了"放飞式旅行",手拉行李箱,闲步在无人的欧洲小站,有安静的铁轨,无风的站台,风情十足。基于这些联想,我们在店内地面上直接模拟了铁轨,铁轨由店门进入,随店形转弯,并通过尽头墙上的巨幅镜子无限延伸,亦真亦幻。店中有站牌、砂石、电杆等元素,经艺术化处理后,融于天花板与壁纸之中,此外,还特别在柱子上安置了一个欧式老钟,用于营造气氛。该店更值得一提的是店面装饰材料的选择,我们运用了一种非常规的环保装饰材料——加厚版瓦楞纸,将真实的瓦楞纸板截成窄条,横向重新拼接在一起,使用其外立面的独特效果。瓦楞纸天然的土黄色及独特的断面质感极好地表现了休闲旅行中的惬意与惊喜,更加意外的是瓦楞纸断面密集的竖孔在与观察者视线垂直的时候会透射出来自店内的光芒,让人有人动影随的幻象。这一设计让人不由得驻足停留,甚至想象要沿着镜子中反射的铁轨步入其中,开始心中的旅行。(图 2-20)

商业品牌空间材料表现

好比衣服的材料,不同的材料体现出不同服饰的风格,在商业空间中亦是如此。当今商业空间的选用材料更是随着生活节奏的加快而呈现出多元化的趋势。设计商业空间更需要合理的使用材料,这也是一个设计师应具备的能力。

1. 木材

木材具有特殊纹理的美观性,又有质量轻、强度高、易加工、显档次等特点,是天然素材与人类亲近自然的本能相应。但在设计过程中需要全面考虑木材容易变形、易燃、纹理不均等问题,要取长补短。

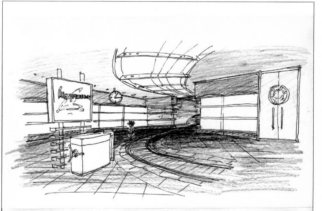

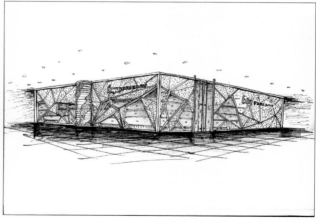

图 2-20 自由星期品牌空间 沈阳艺林广告公司作品

木材的常见使用方法有以下两种。

（1）基层使用

在商业空间中，由于木材具有易加工、延展性较好等特点，所以墙面、顶面、地面的隐蔽工程多采用木材作为基本原材料。

（2）层面使用

由于木材的特殊纹理给人以自然亲切、温馨朴实之感，因此用于层面装饰，效果美观大方又不失档次，还可以在其表层涂刷涂料，从而得到不同的装饰效果。（图2-21）

2. 石材

石材种类繁多，装饰效果各显奇异。其质地较为坚硬，耐磨耐腐蚀，加工度较高，效果华丽。

（1）质地

大理石质地较软，色彩丰富，纹理绚丽，多用于墙面装饰和地面小面积拼花；花岗岩质地坚固，构造紧密，加工复杂，多用于室内地面和外立面。

石材表面由于加工方法各不相同，会产生毛面和光面两种不同质地。光面采用抛光工艺，反射度高，石面光洁，多用于室内墙面和地面，毛面则多用于外立面。

（2）规格

石材的平面尺寸受毛料的开采尺寸所限，常见规格符合建筑模数，一般用于商业空间墙面。2.5厘米以上厚度的石材符合干挂工艺，2厘米以上符合湿贴工艺。地面石材若用于室外，需要2.5厘米以上厚度，室内则2厘米以上即可。

（3）纹理

石材纹理绚丽，形状奇特，装饰性极强。点状花纹石材方向性较弱，可用于大面积铺贴和镶嵌。直线花纹石材流动感突出，有条理，富有韵律性。在商业空间中因花纹而异可产生流动感的装饰效果，形象丰富。

3. 陶瓷

瓷器、瓷砖、卫生洁具在商业空间中被广泛运用。科技的发展给陶瓷带来了新的契机，可利用度远超以往。瓷砖根据不同的加工可以分为釉面砖、通体砖、抛光砖、玻化砖、仿古砖、马赛克等。陶

图2-21 BURRERRY品牌终端店 木材的运用 高品 摄

瓷相较于其他材质而言更为耐磨,因此适合用于人流量较大的商业空间。纹理和质感还可以模仿其他原材料的装饰效果。陶瓷可塑性极高,可以制作成形态各异的饰品,为空间增添艺术气息。

4. 玻璃

玻璃具有透光透视、隔热隔声及质地光洁轻巧的特质,不仅可以制作商业橱窗,还被广泛运用于地面和墙体。玻璃有平板和特种之分,平板玻璃主要用于门窗。特种玻璃分为磨砂玻璃、彩色玻璃等。磨砂玻璃因为粗糙只能透光而不能透视,可用来制作商业空间的隔断面等。彩色玻璃分为透明和不透明两种,装饰性极强,运用非常广泛。不透明彩色玻璃又称背漆玻璃和聚晶玻璃,纹理丰富,颜色多样。喷画刻花玻璃还可以定制,用来营造极富个性的商业空间。(图 2-22)

5. 金属

金属赋予事物以工业气息和现代氛围,质地坚硬、延展性高、可塑性强是其优点。金属还耐腐抗蚀,抗酸碱。铝制品质地轻盈,具有稳定性,是制作外墙的优质材料。常用的铝制品有铝板、铝塑板、铝合金门窗、玻璃幕龙骨、轻钢龙骨、铝合金百叶和铝合金吊顶灯等。另外,铝制品还可以制作成不同的色彩和图案,并可以任意切割、穿孔,具有很强的装饰性。

不锈钢制品有镜面、磨砂面、拉丝面、彩钢面等不同的表面处理方式,有光泽,保留了不锈钢的抗腐蚀性能力,能提高装饰效果。

铜属于贵重金属,抛光后极具光泽感。常用的铜制品有铜管等,可作为商业空间的墙柱面装饰材料,也可用于其他空间的配件等。

图 2-22　EMPORIO ARMANI 品牌终端店
玻璃材质的运用　高品　摄

6. 壁纸与织物

壁纸造价低廉,质地轻盈,色彩丰富,适用于室内空间装饰。织物质地柔软,触感温柔,不但可以美化环境,还具备一定的实用功能。利用纱幔可以很好地分割空间,具有同样作用的还有地毯,它也是界定空间的不二选择。利用人对柔软温暖物品与生俱来的好感,商业空间内可利用壁纸和织物来柔化环境,调和气氛。壁纸和墙布多为覆盖粘贴,可用于壁面和顶棚。织物则可以悬挂、蒙面、覆盖、铺垫,因其具有强烈的地域性特征,可以在不同风格的室内适当采用,能更好地传达理念,表现地域特色。

7. 塑料

塑料具有很强的可塑性,可根据情况选定形状、颜色和尺寸,强度较高,且价格低廉。常用的塑料制品,包括有机玻璃、塑料复合板材、塑料地板、天花板等。因其极强的可塑性,可特制为接缝装饰效果,并且质地轻盈而又绝缘,化学稳定性好。但塑料遇热老化、易燃,在使用中要避免高温环境。

8. 涂料

涂料造价低廉,施工简单,色彩多样,质感不同,可以起到保护墙面、美化装饰的效果。在商业空间中常用的乳胶漆有良好的保色性能、物理性能和防污性能。乳胶漆的延伸产品有防水乳胶漆、木质漆、调和漆、清漆和磁漆等。调和漆不透明,可以用于调和光泽和颜色鲜明度,用于装饰面会起到良好的效果。清漆和光漆是透明漆,涂后用于保留原材料本来的纹理和色彩,同时又可以保护基层不受腐蚀。

商业品牌空间风格视野

风格即表现一个商业空间的品格风度,能够表现艺术氛围,体现艺术特色和空间个性。流派指学术上的文艺派别。商业空间设计的风格和流派,属于环境艺术造型和精神功能的范畴。商业空间的风格和流派是建筑风格与装饰风格流派的紧密结合。根据空间需要,可装饰同时期相对应的绘画、雕塑、文学、音乐等作品,相互影响,相得益彰。空间装饰艺术除了与建筑和材料等物质相关之外,还和其他艺术门类相通。

1. 传统风格

传统风格的商业空间设计,是在室内形式、材料、结构、造型等方面吸收传统装饰特征。例如,吸取我国传统木架建筑的藻井天棚,用传统纹样构成装饰,以明、清、民国时代装饰风格加以造型等。又如同西方传统风格的地中海风格、罗马风格、哥特风格、文艺复兴风格、古典主义风格等,其中有仿欧洲的维多利亚式或法国路易式的装饰风格和造型款式。此外还有日本传统风格、印度传统风格、伊斯兰传统风格等。传统风格给人以源远流长、文化氛围浓厚的感受,能突出民族文化的形象特征。

（1）中国传统风格

中国传统风格一直以木质构架结构传承,延续了上千年,传统风格的商业空间中,需要汲取我国传统木构架建筑室内天棚的长处。一些斗拱、挂落等造型特征也成为商业空间中的一大亮点。商业设计风格受到木结构的制约,形成了以木质和漆画装饰为主的艺术特征,具有华丽、民族风味浓郁、安宁祥和的风格。除固定隔断外,可采用中国传统屏风、博古架等装饰,对于组织空间起到加深层次的作用。

（2）西方传统风格

欧洲古典样式流派大致包括古罗马风格、哥特风格、巴洛克风格、洛可可风格、古典主义风格等。欧洲古建筑内部空旷,顶棚高,造型严谨且装饰华丽。天花板、墙面多用绘画及雕塑等来装饰。室内饰品十分考究,常采用烛台、水晶吊灯、壁灯等西方风格浓郁的家居物品。

图2-23　日式风格商业空间　霍楷　摄

（3）其他传统风格

日本传统风格和伊斯兰传统风格也位列其中，成为传统风格的又一趋势，给人以历史延续和地域文脉的感受，使商业空间更具文化色彩和民族渊源。（图 2-23）

2. 现代风格

现代风格起源于 1919 年成立的包豪斯学派，强调突破传统，开拓创新，重视功能性和构成，注重材料工艺和性能，讲究材料自身纹理、色彩、质地的效果，发展了非传统的以功能局部为依据的不对称构图手法，尤其强调空间设计与工业生产的联系。（图 2-24）

3. 自然主义风格

自然主义风格倡导回归自然，认为在当今高速发展的工业时代，只有回归自然，才能使人们返璞归真，达到生理和心理上的平衡。在这种思潮的影响下，商业空间设计中更多采用天然材料，如木材、石材

图 2-24　德国宝马博物馆内的商业空间展示　现代风格　高品　摄

图 2-25　自然主义风格　高品　摄

等，以彰显其天然纹理、气味、质感等。此外，由于宗旨和手法相同，也可以把田园风格归类于自然主义风格之中。田园风格在空间环境中力求表现悠然自在的田园生活情趣，注重室内绿植栽养，创造自然和谐的氛围。（图2-25）

4. 后现代主义风格

受20世纪60年代兴起的大众艺术影响，后现代主义风格是对现代风格中纯理性主义倾向的批判。后现代主义风格强调现代主义风格中应具有的历史延续性，但又不局限于传统思维方式。它强调探索创新，造型手法更加人性化，把古典构件的抽象形式以新的方式组合成新品。它采用非传统的混合、叠加、错位等手法和象征隐喻等手段，创造一种具有私人定制般的人性化特色、集理性感性于一身、传统和现代相结合的清新环境。（图2-26）

图2-26 CONVERSE品牌橱窗　后现代主义风格　高品　摄

5. 高技派风格

高技派也称为重技派,是活跃于20世纪50年代末至20世纪70年代的设计流派,以表现科技成就与美学精神为主,注重技术展示,与高科技相应的美学观相搭建。其特点是突出工业成就,并在建筑形体和空间环境设计中加以推崇,强调机械之美。在室内暴露网架、钢管结构构件等,表现出简洁化、结构化、科技化的设计特征,有强烈的现代感,展现科技风格之美。(图2-27)

品牌空间表现整合

不同的空间表现要素会使人产生对不同类型产品的联想,比如看到豹纹的质感会让人想到奢华高档的服装或鞋品,看到粗木结构就会让人联想到牛仔等。品牌空间设计师要学会利用不同的色彩、材料质感、形式构成以及图案元素等来实现空间与商品的完美结合。在设计中,对于不同商品要学会使用不同的材料组合、不同的色彩与形式,包括结构体积、光线明暗、做旧或是光滑等。

风水论对商业空间的影响

风水,本为相地之术,也叫地相,古称堪舆术。早期的风水主要关乎宫殿、住宅、村落、墓地的选址、座向、建设等的方法及原则,原意是选择合适地方的一门学问。现今也多用于商家选址、商业品牌店铺朝向、室内摆设装饰等。所谓商业展示空间内的风水,就是指空间内结构所生成的"五行"与业主及周围环境之间的生克关系,它影响着商业空间的生意、经营人员的身心健康和情绪,同时也影响着顾客的心理和行为。古语中说:"气乘风则散,界水则止,古人聚之使不散,行之使有止,

图2-27 阿迪达斯橱窗设计 高技派风格 高品 摄

故谓之风水。""风水之法,得水为上,藏风次之。"根据这些基本原理,风水在商业空间设计中,已然成为不可忽视的一环。

店铺风水的影响因素

客观地说,与店内风水相关的因素有企业法人的生辰、经营项目、店铺的位置结构及其所处大厦的整体建筑。前三项与店铺的关系非常直接且易于理解,但大厦整体建筑为什么与店本身有关呢?大厦所处的商业区域会对店铺的景气指数有直接的影响,具体说来包括人口密度、人员结构、日均人流量、消费能力、商业网点数及配套设施等。另外,在选择商铺时,店外环境也十分重要,传统风水学称其为"外明堂",很多情况下它甚至比室内环境还重要,毕竟店内的布置是通过人力可以调节的,而店外的风光,一旦选址完成,商家就只能尽量研判和协调,无力更改了。因此,在考虑商店外观造型时,应有意识地使外观造型与区域景致相协调,设计、创造一个美好的整体形象。从风水学角度上讲,"顺势而为"为上,顺应宇宙之气,更容易理顺气场,促成生意的兴旺。

此外,在商铺选址未定情况下,一些商铺外环境、门朝向的忌讳还是能避则避,比如烟囱、厕所、玻璃幕墙、大窗、楼角、加油站等都是不宜面向店门的。

由于诸多原因,我们很少能选到"到手就用,样样顺心"的店铺,因此在新店设计和装修过程中往往需要"调风水",即让该店的"五行协调",这就涉及一些基本原则。

1. 五行生克原理

简单来说,如图2-28中所示,五行之间顺时针为相生,对角线为相克,即土生金、金生水、水生木、木生火、火生土,土克水、水克火、火克金、金克木、木克土。但风水的玄秘远不止这些,五行之间的生克关系还要讲究"度"。比如"木旺得金,方成栋梁;木能生火,火多木焚;强木得火,方化其顽……"这就是说,大"木"有金属的器具来克,才能够成为栋梁之材,否则树大无用,"木"虽然能生火,但木器过小或火势过大,又会把"木"焚之一炬,浪费了资源。因此,风水最讲究的是因地制宜,忌照搬套用。以沈阳一家经营女性内衣的店为例,该店店主命相属木,店门朝向西北,属"满金",正是圆圆满满地克了店主的木,因此在店铺设计时,选用了偏红色的牌匾(图2-29),欲用火克金,减少店门对店主的伤害。此外,在店门和收银台之间设置了一个近一人高的抛台,创造屏风的效果,进一步阻断

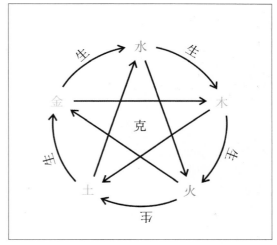

图 2-28

图 2-29

大门的"满金"。最后,将店内的主色调定为蓝绿色(图2-30),货架设计折线居多(图2-31),营造出可以生"木"的水环境,至此被削弱的"金"刚好生店内的"水",不过分的"水"又可生"木",店内五行协调,算是比较圆满。

　　说到这,就不得不对店内布置中的"金""木""水""火""土"加以解释了,毕竟我们不能把真的金子、木头搬到店里。

　　2. 风水中的"形而上学"

　　简单地说,外形上较细、高的为"木",较平直的为"土",有尖或呈锥形的为"火",正三角形和墙角、柱角为"金",曲线、折线形的都为"水",如组图2-32。不同形态的器物还分为善五行和恶五行,比如房梁就是典型的"恶金",其下不宜坐人,不宜放收银台,更不可放老板桌。另外,不同方向也有对应的五行,如正南为火,正北为水,正东为木,正西为金,中间、西南和东北为土,其他的,东南为木,西北为金,如图2-33。一般店铺的设计,以"门生人"为上,也就是说,店铺的正门朝向所对应的五行如果正好与企业法人的命相相生,则为比较好的门朝向。这里以属鸡的人为例,属鸡的人命相属金,除了正南的火门,其他任何方向的门都不会有什么致命的麻烦。店内,如果陈设的土型的方而扁的东西多,比如低矮的鞋柜,由"土生金"的原理,店主人生意就会比较顺遂;但稍差一点,如果店内木型的细而高的东西多,比如高架子,那么"金克木",店主就会比较累,干的活多;而如果水型的东西多,"金生水",这样的店家往往需要养活很多员工。

图 2-30

图 2-31

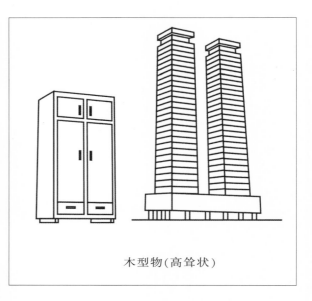

木型物(高耸状)

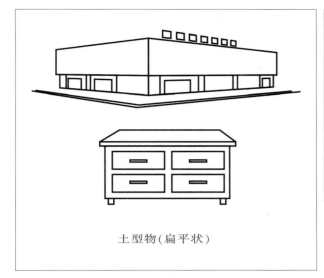

土型物（扁平状）

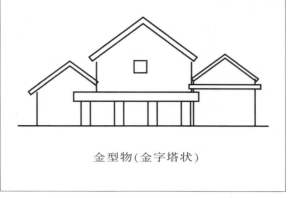

金型物（金字塔状）

水型物（连续波状）

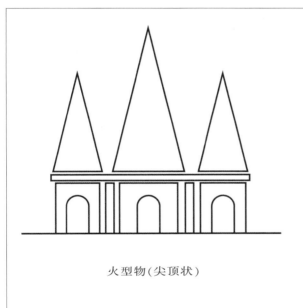

火型物（尖顶状）

图 2-32

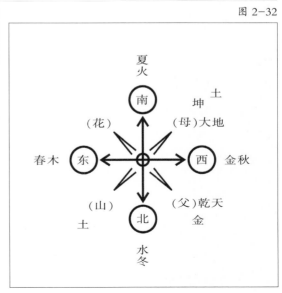

图 2-33

自己看风水——发动初始感觉

最后,给各位正在选址或者即将选址的店家一个最简易且行之有效的"择店迷规",即发动人体最初始的感觉,这也是在操刀设计一个新店铺时,最先做的工作。这个方法就是当我们来到一家新店时,先立于店铺的中心,仔细地上下左右观察这个店和店外目所能及的地方10分钟到20分钟,默记细节,尤其是那些使你觉得别扭和不舒服的地方,比如门外的树、墙角与墙上的窟窿、对面的配电房等。回家之后,闭上眼睛回想店内的见闻,然后罗列出你记住的全部细节,这张清单,就是在将来设计装修中需要加以改造的地方,也或许是风水中与人相冲的事物。这个道理其实非常简单,因为人类在有知识之前,就已经有了观察和欣赏的能力,这使我们在没有任何逻辑分析和他人影响的情况下,能更敏锐地体察周遭,风水就是这样从人类几千年来的感觉中总结出来的。

对看风水的观点和做法,既不能全盘否定也不能全盘肯定,它是我国千百年来流传下来的一种民俗观念。其中包含了许多与现代科技文明相矛盾的方面,掺杂着许多非科学的、落后的及人为的因素,但它毕竟属于中国传统文化范畴,我们似乎无法从现代科学角度给它一个确切的定义。但它在长期发展过程中,蕴含了我国一些古代哲理、美学、心理、地质、地理、生态、景观等方面的丰富知识,注重人类对自然环境的感应,指导人们按这些感应来解决建筑的选址和建造问题。我们还是从尊重传统习惯的角度来对待风水观念为好,以此满足人们的精神感觉和心理愿望,不让所处环境让人感到别扭,以达到满足人们期望生意兴隆、生活愉快、社会和谐的心理愿望。

商业品牌空间设计资料学习积累

提高个人鉴赏标准的各种方式

国际知名设计师靳埭强曾说,设计是一个国际大家庭,多认识我们的家族成员,关心在远方的亲朋好友,可使我们更热爱我们的家。这说明设计者有足够的眼界才有相应的境界。所以,如果想进入商业品牌设计行业,而且发展得出色,除了过硬的设计基础功底之外,最好完善自己各方面的知识构架。这就需要为自己补充更多的能量,只有这些能量的补充才能使你拥有源源不断的设计构想。这需要我们具有持之以恒的学习精神。

我们可以从以下几方面来加强学习,培养和提高自己的从业能力。

①通过游学,多方体验服务,提高自己的鉴赏水平;

②通过学习阅读,打牢文化根基;

③建立自己的知识分类素材库;

④通过速写与摄影等记录方式来捕捉生活;

⑤从各方面培养和了解品牌空间相关专业知识与实践知识。

作为一个设计师,需要掌握更广博的知识,具备更丰富的文化修养和艺术修养,但更不能忽视的是要让自己的设计从艺术水准上,特别是从设计理念上跟上时代的节拍。

1. 诚信

历史上有很多关于诚信的警戒名言,英国作家德莱赛说,诚实是人生的命脉,是一切价值的根基。而论语中记载:言忠信,行笃敬。商业设计大师李奥·贝纳也说过,即使不考虑道德因素,不诚实的广告也被证实无利可图。在这个社会里,无论你从事什么行业,诚信原则应该是做人的准则,这是我们开创事业之本。欺骗别人就是欺骗自己,设计师要立足长远、脚踏实地的做好设计,对消费者以诚相待,这样我们的事业才会真正做大做强。

2. 原创性

正如品牌大师李奥·贝纳所说的，伸手摘星，即使徒劳无功，亦不致一手污泥。原创性就是指与众不同的首创，它要求设计师在设计创意与制作过程中赋予作品独特的、更新颖的传达方式，从而表现出非凡的吸引力。品牌设计师同样应该将原创性作为自己设计的一个重要原则。

3. 完善知识结构

多年设计经验告诉我们，仅仅掌握 VI 设计的知识，不能满足很多实际项目的系统性设计。很多设计师存在 VI 设计与展示设计配合不到位的情况，做 VI 设计的人设计品牌形象时，会遇到很多材料、材质、灯光、布局、陈列、装饰等方面的问题，而展示设计人员在工作过程中，也需要充分了解该品牌的故事，这就需要一个跨界学科的出现。一个优秀的品牌设计师不仅要有平面设计基本功，也要了解展示与陈列专业知识，这样会更适应品牌设计的需要。

思考题

1. 请介绍一下商业品牌空间风格视野。

2. 美国色彩心理学家鲁道夫·阿恩海姆曾说："严格说来，一切视觉表象都是由色彩和亮度产生，色彩能有力地表达情感。"寻找一些经典的商业空间案例，来说明色彩设计对于品牌空间的影响。

3. 品牌设计师的职业守则是什么？要想成为优秀的品牌设计师还需要具备什么知识储备？

第三教学单元

品牌终端系统篇

导言：SIS 品牌终端设计通过系统性展现和特征性强化，服务于品牌的推广。我们要进一步了解品牌终端空间类型、商业品牌终端店外部引导区构成部件、商业品牌终端店内结构以及品牌终端店诱导类装饰等终端核心内容，最终了解品牌终端手册的编定过程。

学习关键词：系统论、终端店构成部件、内结构、终端手册。

学习建议：对于这部分内容的学习，一定要理论联系实践，可以参观工地现场，实际体验终端设计全过程。

SIS 品牌终端设计的特点

SIS 品牌终端设计又称为空间识别系统设计，是 VIS 的延伸项目，主要是在三维空间中进行装潢规格化作业，便于品牌识别。它与传统装潢设计的不同之处在于系统性展现与特征性强化两个方面。

系统性展现

SIS 品牌终端设计最重要的特性就是它的系统性，可以说，如果没有系统性，也就不能称其为品牌终端设计。作为品牌识别体系中的终端空间识别体系，它传承了品牌识别的系统完整性，通过某种系列化标准来确定某一品牌的自身规格化呈现形式，成为品牌识别的连锁空间展示以及为品牌统一性服务的规格化装潢设计。品牌终端设计有别于定点式设计，它将以连锁空间展示形式出现在不同地域的不同空间，满足品牌形象系列化与统一化的要求，解决不同店面尺寸不一等问题。系统性是 SIS 品牌终端空间识别系统最重要的特征。（图 3-1）

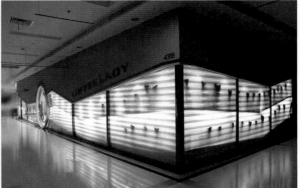

图 3-1　咖啡女人品牌终端店　沈阳艺林广告公司作品

特征性强化

为塑造空间品牌形象,强化特征是必不可少的。在不同的连锁展示空间中,通过将各种视觉要素特征和空间要素特征统一起来,严格遵守这种统一的标准并不断强化,成为品牌形象的终端空间推广。值得注意的是,这种被强化的特征必定是与品牌定位或企业形象定位相统一的,它们是连贯的传承,这样强化的特征才不会偏离品牌定位的初衷,才能服务于品牌的推广。(图3-2~图3-4)

SIS品牌终端设计要研究的核心内容

1. 品牌视觉形象终端规范

通过对目标品牌进行全面分析与了解,根据产品类别与档次、市场定位与设计基调,为它量身定做出属于它的品牌形象终端规范。未来的一切设计活动都要围绕这个规范入手,遵守规范。

2. 终端空间系统

为目标品牌量身定做的空间规划,其中包括内外围空间的设定、通道与各功能区域的布局、各部分配件摆放等。空间布局要与顾客参观购物习惯相符合。

3. 影响产品品质的材料、灯光、色彩设计以及制作工艺

终端店风格原则明确以后,下一个要考虑的问题是装修设计中涉及的颜色、材料、灯光与工艺。颜色表现的是一个品牌的性格,材料决定装饰的终极效果,灯光是展示产品与布置品牌空间的能手,工艺传达的则是一个品牌对档次和细节的追求。

4. 规范的终端形式要求与市场经济的客观需求

随着中国商品市场的发展,琳琅满目的商品层出不穷,受众已不再满足于对基本品牌的认知,而是提出了对终端形式的客观个性的需求。所谓终端就是产品的最终营销空间,是产品赖以见到终极消费者的

图3-2　LEGO品牌玩具店,终端店内设计元素将
产品特征强化得淋漓尽致　高品　摄

图3-3　土耳其TOYZZ品牌玩具产品,品牌终端店
特征十分统一　高品　摄

图 3-4　西班牙的时尚品牌 Massimo Dutti，室内装饰线条新颖别致，装饰有符合其品牌风格的时尚元素作品，精心设计的店铺空间，使人们在店内随意走动也感觉自由舒适　高品　摄

最广泛、最直接的展示平台。因而，从视觉品牌意义上讲，做好终端可以最大限度地表现产品价值，并赢得消费者的青睐和支持，这既是受众的消费理念，也是市场经济的客观需求，这就对品牌的终端形式有了新的规范标准，它要求品牌在保持规范形象的基础上去挖掘更加新颖独特的品牌个性。

5. 设计师在设计中的角色

同样是设计作品，但出自不同的设计师之手，其作品价值便会相差悬殊，这并不在于谁的方案比对方漂亮多少，也不在于对方提供了更多的方案选择，最根本的区别在于有些设计师是为了设计而设计，他们并没有在构思方案之前了解客户与市场的需求，也没有充分解析品牌的定位。我们不应把设计等同于艺术，艺术是自我表达，观众做何评价与自我价值无关，而商业设计是给客户用的，确切地说是给公众看的，任何评价都会影响设计师设计价值的实现，而设计的真正价值正在于此。

6. 制订科学的设计流程

一个成熟的设计，需要考虑到方方面面，这样才能够用最有限的资源、最有效的方法来树立品牌形象，实现最大的设计效果，因此制订科学的设计流程是必要的。

研究 SIS 品牌终端设计的条件和目标

1. 学习 SIS 终端设计的条件

(1)系统学习过 VI 品牌系统理论，能够独立执行 VI 设计。

(2)系统学习过展示陈列基础理论和应用专业知识，可以独立实践。

(3)公司品牌营销策划人员。

(4)品牌经销商。

2. SIS 终端设计的学习目标

(1)在终端设计中指导空间设计师如何精确应用视觉品牌。

(2)在平面品牌设计中如何为空间设计打好基础，在实践中，平面和空间设计两个领域仍然是不可代替也不宜融合的，同时应强化两者在终端中的执行规范。平面设计和空间设计两者之间的关系为：平面指导空间，平面整合空间。

SIS 品牌终端设计的优势与意义

SIS 品牌终端设计的优势

SIS 系统的建立具有以下优势。

1. 统一形象

一般终端店面尺寸大小都不相同，透过 SIS 规划能够统一整体风格，不会因位置的不同而产生差异化。

2. 塑造个性化的空间

透过专业的 SIS 系统设计，可塑造更独具特色的店面风格与形象，不与其他店面雷同。

3. 节省施工费用

由于终端系统设计规划具有系统性标准，因此能有效降低施工费用，缩短施工时间，相对减少房租负担，同时增加营业的天数。

4. 有利于快速装修经营

终端店面在 SIS 手册上就可以找到几乎所有的施工条件，因此可以立刻动工装修。

5. 管理方便

终端 SIS 规划解决了统一管理问题。

6. 有利于开设加盟店

如果拥有完整的 SIS 规划,更能提升加盟者的意愿与共识。

SIS 品牌终端设计的意义

1. 对于学科教学的意义

它融合了两个系统的专业知识,能扩大学生的知识面,有利于学生贴近学习实践,顺应品牌设计的潮流与发展方向,有利于实现培养更多符合实际设计需求的人才这一目标。

2. 对于品牌营销的意义

它能够很好地将两个系统统筹起来,形成更有利于品牌营造的空间化传达,并使品牌与公众之间建立起一个有亲和力的桥梁,从而使品牌更完美地展现在公众面前,最终达到对品牌进行市场营销的终极目标。(图 3-5)

图 3-5 HSURE 品牌终端店 沈阳艺林广告公司作品

品牌终端空间类型

品牌终端店位置设置类型

1. 门店（或称街店）

在户外公共场所出现的品牌店，它可以是经营单一品牌的专卖店，也可以是汇集多个品牌的集成店。街店的销售模式较灵活，如果周边的目标人群比较多，那街铺还是有前途的，但位置好的旺铺价格较高。（图3-6、图3-7）

2. 店中店

在大型商场里出现的店，英文称为 in shop。店中店模式既销售了产品，宣传了品牌，又塑造了企业形象，因为大型百货商店都有较为严格的管理制度和优秀的促销手段，这是店中店模式最重要的优势。（图3-8）

图3-7 LONGCHAMP品牌门店 高品 摄

图3-6 MANGO品牌门店 高品 摄

图3-8 MaxMara品牌店中店 高品 摄

3. 独立店

专门经营某品牌或授权经营某品牌的销售店铺。独立店的位置一般在繁华的商业区、百货商店或购物中心,是品牌、形象、文化的窗口,有利于品牌的进一步提升。独立店的位置设置可以是门店也可以是店中店。(图3-9)

4. 集成店

根据多个不同需求层次与特点,将同一类型但不同品牌的产品进行新的品牌化塑造与经营,在同一卖场内进行营销,商品质优价廉,这种快速营销方式使受众可以在短时间内浏览、采购更多品牌的商品。(图3-10、图3-11)

图3-9　位于罗马商业区的 FENDI 品牌独立店　高品　摄

图3-10　SuperStep 运动品牌集成店　高品　摄

商业品牌终端空间内部形状划分类型

1. 平直型空间

平直型商业空间会出现更多的橱窗广告展示机会,受众也可以通过玻璃橱窗看到店内更多的产品信息与品牌形象,因此,在进行品牌空间设计时,要充分利用空间中的形状优势,将平直店中最接近受众的部分展现出来。

2. 筒型空间

在筒型空间中,受众可观看和接触的范围较狭窄,在设计空间外展示结构时要注意在有限的空间里突出展示品牌形象,从而吸引观者进入。

3. 方型空间

方型空间更具有中国传统建筑空间的特色,可以展现出和谐自然的空间环境。

4. 直墙空间

直墙空间中,以唯一的墙面作为商品陈列与展示的部位,展示空间相对狭窄。

5. 角型空间

角型空间一般出现在商业空间中两个墙面

图3-11　PRIME STORE 品牌集成店　高品　摄

相交而成的角落中,除了两个墙面,其余部分都与外部商业环境相连。

6. 其他空间

根据不同的建筑环境,商业空间内部的形状还有很多,如岛形空间、L 形空间、b 形空间、u 形空间等。(图 3-12)

商业品牌终端店外部引导区构成部件

店门

店门是终端店的门面。设计的最终目的是吸引消费者前往店内。从商业观点来看,店门的设计原则是把握正确的导入系统,也就是顾客初入门的设计。当顾客光顾购物时,店门应该很醒目,易被发现,从而引导顾客进入。

1. 店门类型

封闭型店门:封闭型店门入口设置较小,更多时候,这种店门是面向人行道的,通过橱窗或有色玻璃将商店遮蔽,顾客先看到的是橱窗广告内所陈列的商品,被吸引然后进入终端店。如金银珠宝、特色商品、科技数码产品等,原则上可以采用封闭型店门。这类店铺外观较为豪华,以终端店门面的结构形式使消费者产生兴趣,从而使购买者产生优越感。(图 3-13)

半开型店门:对于某些经营高档商品的终端店门,由于多数顾客需求上的局限,很多观者未必会进入店内,因此半开型的店门在入口处大小的设计上

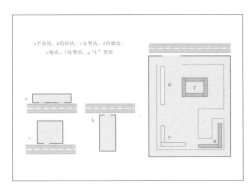

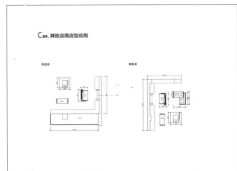

图 3-12　商业品牌终端空间内部形状划分类型　　　　　　图 3-13　封闭型　高品　摄

比封闭型店门相对较大，从外部可看见内部。有时，店门前的橱窗可设计为倾斜形，引导顾客顺着橱窗方向进入店内。（图3-14）

敞开型店门：敞开型店门的入口全部敞开，不设橱窗或只设小面积橱窗，或者设立小摊档出售商品，方便顾客进出自由并能有很好的视线看到店内全貌，多用于小型商店。（图3-15、图3-16）

2. 店门设计指导

店门位置的设置应与门市面积大小相关。一般面积较大的门市可以选择中心店门，较小的门市可以选择侧开门。设置品牌终端店门应当考虑店门的开放性，不要给人一种拒人于千里之外的感觉。

店门材质的选择应依据终端店铺风格而定，金属、玻璃、木材、砖石等都属于店门设计的常用材料。设计时，要考虑店门的透光性，有时也要根据终端店的选址设置，从多方面考虑选择，在考虑美观性的同时也要考虑持久耐用性与安全性等。

图3-14　半开型　高品　摄

图3-15　敞开型　高品　摄

店门的造型设计是品牌给顾客的最初印象，所以造型设计至关重要。店门应该紧扣品牌形象打造，它可以是简单大方、原始朴素、造型独特、奢华小资或活泼可爱的，等等。总之，它应充分体现品牌的风格与视觉定位。（图3-17~图3-22）

图 3-16 敞开型 高品 摄

图 3-18 金属材料店门 李爽 摄

图 3-17 EBLIN 品牌店门 李爽 摄

图 3-19 玻璃材质店门 高品 摄

图 3-20　ESPRIT 品牌店门　高品　摄

图 3-21　复古木质店门　高品　摄

图 3-22　复古木质店门　高品　摄

招牌

1. 招牌的类型

招牌是终端店门前用来展示店名和店标的牌子,它又分为主招、副招、立招、竖招以及其他异型类招牌。从某种程度上来说,招牌设计要突出且能吸引观者的注意力,其设计风格代表着该终端店的形象定位。能否吸引顾客进店浏览商品,招牌设计起着很重要的作用。

2. 招牌的设计原则

(1)招牌的位置

招牌位置应突出、醒目,让路人一目了然。一般情况下的位置设置应平行设置、垂直设置、纵横设置或立地设置。(图3-23~图3-26)

(2)招牌的内容

招牌内容应简洁直观,以突出品牌的标准名称与标识为主,另外,要传达准确信息,不要"挂羊头卖狗肉"。

(3)招牌的照明

带有独特照明系统的招牌在夜晚会更加醒目突出,不同的照明系统会制造出不同的气氛,静态的照明效果较适合典雅、朴素、古朴等性格特征的品牌,色彩斑斓、闪烁变幻的照明效果较适合时尚活泼等性格特征的品牌。(图3-27~图3-29)

图3-23 平行设置
高品 摄

图3-25 纵横设置 高品 摄

图3-24 垂直设置 高品 摄

图3-26 立地设置 高品 摄

图 3-27 SWAROVSKI 品牌店照明设置 高品 摄

图 3-28 Miu Miu 品牌店照明设置 高品 摄

图 3-29 CHANEL 品牌店照明设置 高品 摄

（4）招牌的造型

传统招牌的形式较单一，最短不过 1 米，最长不过 3 米。如今，走在商业街头，会看到各具特色的店招，它们造型独特，别出心裁，这样的设置要以突出品牌终端店的主题为主。（图 3-30、图 3-31）

图 3-30 招牌的造型 高品 摄

图 3-31　招牌的造型　高品　摄

橱窗

1. 橱窗概念

橱窗从属于售点广告，它是设置在品牌店外用来展示商品信息或品牌特色的广告形式。它借助玻璃窗等媒介物，把商品及一些重要信息经过艺术化的手段加以处理与展示，因此，橱窗的首要任务是产生较强的吸引力，使人们愿意停留在橱窗前欣赏。（图 3-32~图 3-35）

图 3-33 COLOMBO 品牌橱窗 高品 摄

图 3-32 LV 品牌橱窗 高品 摄

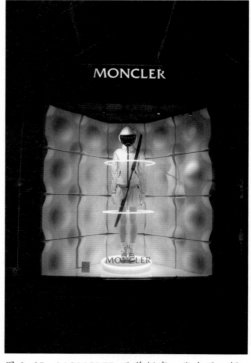

图 3-34 MULBERRY 品牌橱窗 张志国 摄

图 3-35 MONCLER 品牌橱窗 张志国 摄

橱窗广告已有 100 多年的历史,橱窗展示也已经成为推动商业发展的一种非常实用的方式。在 20 世纪初的欧洲,橱窗开始作为商品的一种销售方式出现,后来,商品销售者开始注重将精美的商品展示在橱窗中,随即,仿造人体的塑料模特和衣架开始出现并得到广泛应用。20 世纪 40 年代,由于战后的购物狂潮,促使各种推销手段迅速发展,橱窗已不再用来简单地展示产品,它开始向视觉广告营销方式转化。而这一时期,我国一些大城市的商店也开始用橱窗广告来推动自营店的销售。橱窗广告的类型也更加多样化,例如,为了顺应时代发展,现在橱窗广告可以选择可再生材料和环保材料,甚至废旧材料。在橱窗实物广告的基础上又出现了橱窗贴花广告、橱窗动态数字广告,甚至在今后可以利用触控橱窗广告系统去帮助消费者选择和购买商品。

2. 橱窗的布置方式

橱窗的布置方式,主要有以下几种。

(1)综合式橱窗布置

将橱窗布置成一个完整的橱窗广告,橱窗中也许会出现很多不相关的商品综合陈列,但最终的目的是帮助受众更好地认识和了解商品信息。由于商品之间差异较大,这种橱窗布置设计要谨慎,否则就给人一种"杂乱无章"的感觉。综合式橱窗布置又可以分为横向橱窗布置、纵向橱窗布置、单元橱窗布置等。(图 3-36)

图 3-36　RE(f)USE 品牌橱窗　综合式橱窗布置　张志国　摄

（2）系统式橱窗布置

对于大中型终端店，由于橱窗面积较大，解决的办法是按照商品的性能、类别、材料、用途等因素来进行设计陈列。（图3-37）

（3）专题式橱窗布置

专题式橱窗布置是围绕某一个特定的专题，组织有代表性的特定商品进行陈列。专题式橱窗可分为：节日陈列，即为特定的节日进行橱窗布置；事件陈列，即以特定的某项活动、某人物或某事物为主题，将关联商品组合起来的橱窗；场景陈列，即根据商品用途，把有关联的多种商品在橱窗中设置成特定场景，以诱发顾客的购买行为。（图3-38）

（4）特定式橱窗布置

在一个橱窗内只集中介绍某一种产品，艺术表现、设置方法以及道具等都是为其服务的，例如，单一商品特定陈列和商品模型特定陈列等。（图3-39、图3-40）

（5）季节性橱窗陈列

季节性橱窗陈列是伴随着季节变化将应季商品集中起来进行陈列，这种手法满足了顾客应季购买的心理需求。一般来说，季节性陈列必须在季节到来之前一个月预先陈列出来，向顾客介绍，才能起到应季宣传的作用。（图3-41）

3. 品牌终端店铺橱窗的价值体现

优秀的橱窗设计除了展示商品魅力，还间接地讲着故事，表达不同的艺术风格和更广阔的人

图3-37 PATRIZIA PEPE 品牌橱窗　系统式橱窗布置　高品　摄

图 3-38　专题式橱窗布置　张志国　摄

图 3-39　adidas 品牌橱窗特定式橱窗布置　高品　摄

图 3-41　EVANS 品牌橱窗　季节性橱窗陈列　高品　摄

图 3-40　MARC JACOBS 品牌橱窗　特定式橱窗布置
高品　摄

文情怀。在 19 世纪中叶,以马歇尔·菲尔兹为代表的一系列公司开始从批发向零售转变,为了从视觉上吸引广大顾客,商品的陈列成了重中之重,橱窗也由此成了向外界展示商品的重要一环。随着时间的推移,橱窗陈列的设计理念渐渐被吸收到了店铺室内设计当中,成了商店整体设计的一部分。

（1）传播性

橱窗展示是品牌传播的一种方式和手段,它的最终目的是通过特定空间内的布置营造一种便于品牌传播的风格,有利于引起消费者以及广大受众对其品牌的关注,因此店铺橱窗展示的核心价值便是品牌的传播性。

（2）可观赏性

无论是哪一种展示形式都要和人的眼球对接,满足人们的审美需求,这是现代商业模式中非常重要的一点,橱窗的可观赏性更是如此。不管是动态或者静态展示,橱窗都是在特定的空间中,供观赏者近距离或者长时间地观看、品味,这种观赏方式区别于户外移动或短时间对接观赏,因此它需要橱窗具有经得起被仔细品味的功能。好的橱窗设计不仅可以进行商品品牌传播,同时也可以给受众带来深层次的可观赏性。

（3）情报性

在瞬息万变的商品社会中,变化是不变的真理。时尚潮流、风尚变化总是让人们应接不暇,而店铺橱窗作为最外沿的也是最直接面向受众的展示媒介,承载了第一时间的传达功能,它可以让大众最简便地接收到各种信息的变化,达到情报传播所需要的快速性与直观性。因此,情报性是橱窗展示的特性之一。

（4）广告性

广而告之称为广告。橱窗似乎并不是我们传统意义上所认为的广告,但它同样具有广告的性质,可以说,橱窗也是一种广告形式,即便是没有文字和声音。当然,这些并不是界定橱窗概念、评价橱窗展示好坏的标准。但橱窗展示确实是在通过对空间布局、产品或图形图案等的摆布、灯光光效的营造、质感的体现等各个方面传达着与广告同样目的的诉求,这便是橱窗展示的广告性。

4. 品牌终端橱窗设计原则

（1）把握品牌终端脉搏、全方位展示品牌形象。

（2）橱窗创意概念清晰,主题要明确。

（3）橱窗的布置与所运用元素既要具有品牌象征意义,又要符合品牌终端设计要求,要考虑可复制性、时间性,以及是否便于延用下去。

（4）橱窗设计中材料的可选择性非常大,但目前较符合时代理念的是选择可再生材料和环保材料,甚至废旧材料。

现今,国内很多品牌商家都有了设计橱窗的意识,但成果参差不齐,很多都是"花花草草,瓶瓶罐罐",传统、僵硬、缺乏恰当的主题和场景。实践证明,这样的橱窗不能讨人喜欢,有些甚至拉低品牌的身价,如此敷衍浪费空间还不如索性去掉橱窗。制作一个好的橱窗对设计师的要求是很高的,他要关注社会流行话题,读懂顾客的生活方式,明白"品牌橱窗并不是单纯堆砌商品,而是精心设计它的每一个细节"。

店仔

世界著名经营大师沃尔勒说:"如果说品牌(商标、品名)是您的脸,让人记住您,那吉祥物则是您的双手,让您紧握顾客,与人产生情感,发生关系。"

1. 店仔的起源

卡通产生于什么年代,一时还无法准确考证,但是,如果从 20 世纪 30 年代美国迪士尼公司生产的电影动画《米老鼠和唐老鸭》风靡全球开始算起,到今天也有近百年的发展历史了。迪士尼乐园的"米老鼠",麦当劳的"麦当劳大叔"等卡通形象已经在商业活动中频频出现,早已成为众多知名企业的重要代言了。卡通艺术在商业空间中发展迅速,它推动着主力消费人群崇尚个性和差异时代的到来。为激发消费者的内心感觉和需求,增强消费者情感的接受度,推进品牌的发展,越来越多的商业品牌设计开始寻找一个能够推销产品的卡通外表,进而形成卡通形象的消费。究其原因,套用一段网络评语就是:"潮流厌倦了善良可爱的传统,感觉纯真美好的形象跟现实生活距离太远,反而带有人类复杂性格的玩物,更易引起共鸣。"现代人们喜欢欣赏接近反常的,或者称为个性的视觉物。联想到终端环境设计,在商业终端店里的形象玩偶,通过创造一种消费诱惑来吸引新潮顾客的念头便油然而生,面对国内逐步崛起的"80后"消费主力军,品牌迫切需要一种全新的、充满活力的营销模式来吸引消费者,培育自己年轻的客户群。(图3-42~图3-44)

　　2. 店仔引入优势

　　从品牌角度来说,店仔是很有潜力的积极因素,是品牌营销的一部分,是相当值得尝试的品牌营销方式。

　　一方面,店仔作为吉祥物形象,是真实化品牌视觉传达的一部分,比辅助图形更具有记忆传达性。例如,一个好的店仔形象摆进橱窗或是附带在鞋盒里,能够很好地辅助传达品牌记忆,从某种意义上来说,它甚至比标志更容易让消费者过目不忘。

图 3-42　高品 摄

图 3-43　乐高品牌玩具店店仔形象　高品　摄　　图 3-44　KOCH品牌店红酒瓶店仔形象　高品　摄

另一方面,在当下这种卡通宠物十分流行的时代,最先尝试做店仔的品牌必然会成为抢占座位的先手。也许正是设计难度和成本的双重原因,社会上店仔形象还寥寥无几,这说明设计好一款既有自己品牌特色又深受消费者喜爱的形象确实很不容易。

3. 店仔的价值

店仔自身的价值表现和恰当的陈列能有效提升产品身价。就像漂亮的车模,人们习惯性认为只有那些高档车才用得起那么高级的美女车模,才舍得给车模配上那么高贵的装束。我们把店仔设计和打扮得越有名贵感,它所衬托的产品也就越显名贵,这是自然的陈列联想。因此,我们在设计店仔时,它的陈列方式也需要讲究,不可以对它太随意和轻率,否则会反衬出产品的随意和质量的不严谨。

4. 店仔的效益

店仔并不只会木讷地招揽生意,做得恰当还能带给店家直接的效益。很多受欢迎的吉祥物,是可以成为品牌附属产品来销售的。比如我们可以根据当地顾客的消费喜好把店仔设计为适当大小并采用不同材质,如实木的、毛绒的、无纺布软填充的、烤瓷的、轻金属注塑的等,或者作为附赠品间接提高产品的价值。

5. 店仔的成本

巧使工艺,可以实现店仔成本的骤降,如图3-45中的这个"尚仔",直接用高密度泡沫板切割内胎,打磨成型之后贴上底胶,上腻子,打磨,最后上面漆。160厘米的店仔,材料成本才600元!当然,人工成本无法这样计算,美工、油漆工都相对要有些花费,但首个160厘米的店仔也就花了3000多元,半个月的工期,效果还是非常不错的。在上腻子之前如果用树脂贴一层石棉纤维布,可以使成品更坚硬。

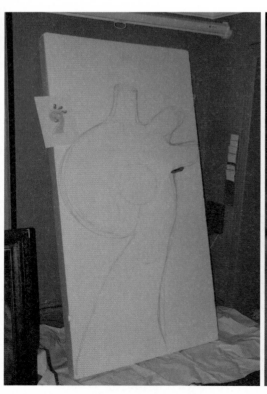
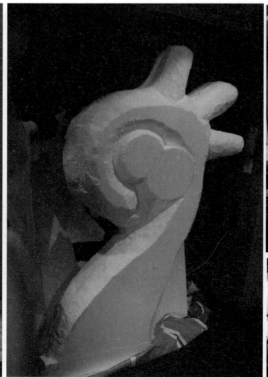

图3-45　尚品品牌空间店仔,运用高密度塑形苯板七层,手工塑造基本形体,适当打磨去尖角,上阻燃底料,打平腻子并磨光,烤面漆,最终完成　沈阳艺林广告公司作品

商业品牌终端店内结构

销售区

1. 主形象

品牌终端店内的主形象是一面旗帜,通过主形象的设置能够让人们了解品牌的格调与风格,从而使受众读懂品牌所展现的气质。主形象要根据终端店的不同形状与布局进行设置,一般在店内较醒目的地方出现。(图 3-46~图 3-48)

2. 品牌识别系统

品牌识别系统是品牌终端店内确立的、统一的视觉符号系统。(图 3-49)

(1)品牌标识的确立

简单地说,LOGO 就是品牌徽标的英文说法,是企业自身形象识别和推广的一个符号,是消费者辨别品牌的依据。不过现在,它被赋予了更多的价值和含义,比如它是品牌商业价值的体现,是品牌文化精髓的传达,甚至是比产品本身更昂贵的荣誉。LOGO 在定义上的大跨度导致了现在一部分企业过分看重自身的 LOGO,给设计单位和执行人施加了很多的压力,而又有一部分企业不明白 LOGO 的作用,不理解

图 3-46　克克女鞋内结构示意图　沈阳艺林广告公司

图 3-47　AMPELMANN 品牌主形象

图 3-48　优衣库品牌主形象

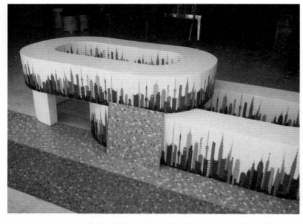

图 3-49　丹麦术术品牌空间视觉符号　沈阳艺林广告公司作品

LOGO 设计为什么要收取那么高的费用。其实,根据企业自身发展的阶段特征和需求,LOGO 的价值和作用是时刻在变化的,把握好两者间的协同性,才是实现徽标作用最大化的关键。(图 3-50~图 3-53)

　　从根本上讲,"设计"其实更多的是一种"计划",是人们为了达到一定的目标,而根据现实条件预先制订的方案。设计 LOGO 就是对品牌形象塑造的一种计划,设计师的工作便是将"计划"视觉化。专业地讲,高级的 LOGO 应该具备以下七个特点。

　　①设计到位。即将原材料加工成成品的过程要到位。在这里,设计师要将众多原始素材做艺术化、抽象化、概念化的处理,完成徽标的设计雏形。一个设计到位的徽标应具有丰富性和完整性,不能让人感觉到它未完成,或者"缺东西"。

②做工精致。对产品细节的处理是最能体现其品质的,徽标亦是如此,文字的排列、笔画的处理、图形的加工,都要精益求精。一个好的徽标,无论被缩小或被放大,都应该天衣无缝,可圈可点。

③与众不同。毋庸置疑,每一款徽标都应该是独一无二的,除非是为了混淆消费者视听的山寨产品。追求不同,是每一个品牌的梦想。

④思维回归。好的徽标应该是通过对大家所熟悉的符号或元素的独特运用而锻造出来的,色彩上也不宜太过夸张。这样的好处在于,一是不易过时,二是适应大多数人的审美。亲民的徽标更容易让大众产生好感,也更容易被记住和选择。

⑤最适合。有句话叫"适合的才是最好的",这在徽标的设计中同样适用。因此当我们去评价一个品牌的徽标是否成功时,我们的考核标准更多的是看徽标本身与产品的特点、与企业的文化、与市场、与当下的时代是否契合,当一切都很自然、很完美地合而为一时,我们就认为它是最好的,当一个品牌的徽标恰当到让你觉得修改一点点都是多余的,它就是精品。

⑥视觉联想。所谓"适合"更多是通过视觉联想体现的。我们在设计一款徽标时,最常使用的方法就是"头脑地图"。我们先要深度了解产品和企业,之后以它们为中心,总结、发现它们的特点,再根据这些特点延展出各种与其相关的表象图形或文字,通过多种关联的建立,演化出最适合的设计方向。消费者和商家对徽标的视觉联想则正好是"头脑地图"的一个逆向过程。如果一个

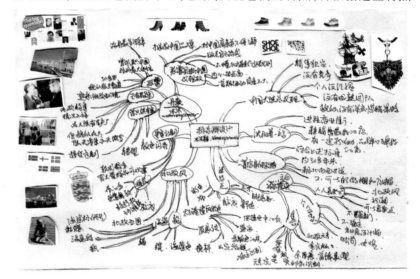

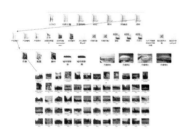

图 3-50　收集整理容量尽可能大的资料文件

图 3-51　学会运用思维导图,展开头脑风暴,认真列出所有有价值的信息,找出关键节点

图 3-52　把关键点提出来并细化意向,设计就从这里开始

图 3-53　标识的确立

LOGO 的视觉联想与产品的特点能够很好地建立关联,我们就认为这是一个很好、很高级的作品。

⑦印象主义。这个主要是针对市场上后建立的品牌与早先的品牌之间的关联而言的。人们总是有先入为主的观念,以奢侈品为例,由于众多一线大牌的徽标都是其创始人名字的字母排列,这使得大家惯性地认定由字母排列或者两个大写字母组合而成的徽标就是高级的象征,从而产生了要设计"那样的"高级 LOGO 的市场诉求。

总之,作为平面设计师,我们的工作就是深入地去了解每一个客户的企业及其发展状况,负责地设计出最契合企业气质的品牌徽标,而企业则应该更加实事求是地看待徽标的价值,不要夸大也不应"穷对付"。

(2)识别系统的统一

终端店格式该如何统一?是完全统一还是部分统一?怎样突出表现品牌元素?大家记住两点即可。

第一,完全格式化。这样的终端有利于批量复制,快速覆盖,装修成本、管理成本、陈列成本都相对较低,公众品牌印象传播也快。但完全格式化的一个弊端就是形式相对稳定,变化少,容易被时代超越,尤其是时尚类商品。

改善的方法是阶段性更新软陈列和软装饰,更换货品分布位置,变换广告图片、陈列道具等,营造不断变化的店内视觉气氛。这种店型有利于表现历史感和老品牌风度,比如鳄鱼恤、接吻猫品牌终端设计。

也有一些老品牌会在局部做某些调节,如在材料运用、色彩布局、小装饰等细节上赋予恰当的时尚元素,比如康奈。值得一提的是类似 LV 那种更高贵的表达方法,对于 LV 这类国际大牌,格式、材料已不是它的目标,但在施工工艺上却表现出极大的技术投入,可以感觉到它的每一个细节都精致到令人叹服,这样的装修投入所表现出的产品身价自然是不言而喻的。

第二,主体统一、其他放宽。即在终端形象中把握几个关键点,用独特的视觉语言表现出极具识别力的形象元素,使之无论远观还是近看,都有着打动顾客的冲击力、记忆力、亲和力和诱惑力。其余空间则可以根据开店时间、所在位置、市场环境、顾客品位等因素随机应变,有的放矢。这种终端表现方式相对投入较大,管理与培训相较第一种都增加了难度,新店还需要增加新的设计成本,但非常适合时尚类品牌,因为没有落伍的顾虑,不会与地域风情有分裂感,不会限制发展的思想,能够做到真正的与时俱进,常变常新。

品牌需要重复记忆,只要拥有稳定的识别形象,无论其占店内比例的大小,都能够成为品牌印象,让顾客记住。如来自丹麦皇室贵族体验型女鞋品牌首先在沈阳登陆,他们携带一种新鲜的经营模式,即把当年皇室王子、公主按个性需求定制的贵族体验感引入终端店,让顾客亲眼看见自己所喜欢鞋款的诞生过程,享受独一无二的尊荣。设计师为每位客户设计一个北欧风明显、皇家味十足又很难复制的识别形象牌并配合以形象墙底纹,作为一套完整的识别系统,成为终端店不变的统一元素。无论这个店将来怎么样经营,其终端形象是否绝对统一,即便它的产品被放到某个集成店零售,只要有了这面形象墙便是这款皇室品牌的授权,是品牌的鲜明旗帜。此外,店中部的船形造型作为定制体验区,独特的北欧印象和定制感受作为店内另一项识别元素,也可加深顾客印象,树立品牌独特个性。最后就是通过独特的北欧艺术品陈列,完成细节的品牌风格打造,无论店铺最终以何种形象出现,展柜形式如何,这些关键点都能由大到小、连点成面,强化品牌的识别力。

3. 陈列区的货架

包括高柜、隔墙柜式、中柜、矮柜、透视柜、岛、中岛、抛台、模台等。

4. 收银台

收银台在品牌空间的重要性不言而喻,它使购物氛围升华,是终端店内必不可少的设施。除了收银外,还有吸引顾客视线的用途。

5. 售点广告

包括多媒体、价牌、促销签、气氛用品等。

6. 小景观

包括艺术陈列、装置、店仔、特艺造型、配饰、道具等。

7. 营销物料

包括节日、店庆、活动等营销视觉策划。

服务区

1. 定制区

在品牌终端店内专门设置的接受定制服务的专区。

2. 信息区

包括体验区、商洽区、参观区等。

辅助区

1. 试穿区

包括试鞋凳、试衣间、试鞋镜、试衣镜等。

2. 休息区

在终端店内设置的专供顾客休息的空间环境,这种环境有亲和力,能够拉近品牌与受众之间的距离。

品牌终端店诱导类装饰

灯光设置

恰到好处的灯光设计,不仅可以照耀店面的外观环境,也可以在夜间更好地展示店面形象,还原装修材料的色彩肌理,塑造招牌的造型特点,强化光影效果,渲染气氛,创造不同于日光下的特别效果,使其意境迥然。

1. 设置分类

常用的店面灯光可以分为店头照明(图 3-54),橱窗照明(图 3-55),泛光照明(图 3-56、图 3-57),霓虹灯具(图 3-58、图 3-59)等。

图 3-54 店头照明 霍楷 摄

图 3-55 橱窗照明 霍楷 摄

图 3-56　泛光照明　张志国　摄

图 3-57　泛光照明　高品　摄

图 3-58　霓虹灯具　张志国　摄

图 3-59　霓虹灯具　高品　摄

2. 设置原则

要重视运用好自然光，节约能源，但建筑物和天气影响自然光，不能完全满足店面需要，因此要利用好人工照明。人工照明设置要注意三个原则：一是设计安装好基本照明，可采用吊灯、吸顶灯和壁灯的组合来创造一个亮度适宜的购物环境，要突出重点、突出商品陈列部位；二是设计安装好特殊照明，根据突出商品特质以及吸引顾客注意的需要，可采用定向集束灯光照射、底灯、背景灯等，显示商品的轮廓线条；三是设计安装好装饰照明，可采用霓虹灯、LED 灯、电子显示屏或旋转灯等来吸引顾客注意。

道具设置

道具是一种装饰性摆件，常用于衬托商品的橱窗中。道具对于商品的价值有着至关重要的影响。放置高档道具更能突显商品的价值与档次，反之同理。所以在终端店的部件中，道具的选择也是至关重要的。（图 3-60、图 3-61）

品牌终端中所出现的广告形式

1. 品牌形象广告

在品牌终端店内的广告中，突出表现品牌形象是至关重要的环节。因此，设计师应选择在店中较醒目的空间设置品牌形象广告，设计风格与表现形式可以不拘一格，有时以实物广告形式出现，有时以大型招贴形式出现，有时也仅表现为品牌文字广告的形式。无论表现形式如何，品牌形象广告应该是终端店内的视觉焦点,在店内各个创意设计元素中起着协调和点睛作用。

2. 橱窗广告

橱窗广告是现代商业品牌空间外 POP 广告的重要组成部分,它主要借助玻璃橱窗等媒介物,展示商店经营的重要产品,根据品牌的风格定位,经过巧妙构思,运用艺术化的手法、合理化的材料选择与现代电子科技手段,设计和陈列出更富有装饰美的货样群,以达到刺激消费的目的。成功的橱窗展示广告会唤起人们对生活的热爱,从而实现商业品牌广告的价值。

3. 售点广告

售点广告意为销售点广告或购物场所广告,是在商业品牌空间内最常见的 POP 广告形式。售点广告以围绕销售点现场内外的各种设施为媒体,对空间内的产品名称与产品独特性等必要信息加以介绍。另外,完美的售点广告有明确的诱导动机,旨在吸引消费者,唤起消费者的购买欲,具有无声且十分直观的推销效力。这些 POP 广告设计应符合商业品牌空间定位,能够直接影响品牌销售业绩,是完成购买阶段任务的主要推销工具。许多 POP 广告作品属平面设计范畴。

4. 语音广告

语音广告是最古老的广告形式之一,在商业品牌空间环境下,通过无线有声或口头推销向公众传递的广告,由于借用了现代社会更先进的媒介,语音广告与其他媒介广告形式相比有更突出的特点。如今,在品牌店铺前出现了过多的广告导购,当消费者刚进入店铺里,一位销售员马上就开始一对一的服务,消费者看到哪里,导购员紧随其后,为其介绍产品。这种语音广告模式确实起到了帮助消费者快速了解产品信息的作用,但有些导购员不管消费者是否喜欢,便为其介绍一些他们从来不了解的品牌,甚至夸大产品的特质,这似乎是在体现一种人性化设计理念。但是,这种做法使绝大多数消费者的购买体验并不舒适,更多时候造成消费者的被动消费,这就可能使广告导购行为从一种良性的信息服务转变为消费者的精神负担,这是应该注意避免的。

图 3-60　LACOSTE 品牌空间内道具设置　高品　摄

图 3-61　LEVI'S 品牌橱窗道具设置　高品　摄

5. 视频广告

视频广告是使用数字技术传播途径把信息直击目标受众的一种广告模式。它是非常奏效而且覆盖面较广的广告传播方法。在商业品牌空间中,视频广告用于介绍产品的信息、品牌形象及企业营销活动等,通过视频广告的品牌展示,使得受众对该品牌的产品认识不局限在有限的空间里。

SIS 终端设计手册

终端手册作用

1. 执行标准

如上所述,终端设计的突出特征便是其空间展示的连锁化和系列性。在不同地域和环境下,由品牌定位、传达精神、视觉特征等方面整合而成的品牌形象的统一展现,需要遵循严整一致的标准方案,跟企业形象识别系统一样,突出自身风格,就要严格遵守相同的执行标准,这种执行标准的制订就是终端手册需要实现的最重要的任务。

2. 应用说明

终端的实现需要很多环节与细节的共同作用,而这些环节内容的制作又是按照一定的标准严格执行的,终端手册就是这种标准的具体化、细节化,类似一种执行说明书,便于不同终端店在执行和推广的过程中,以此方法进行指导。

3. 施工图纸

终端手册中将细节标准化的依据之一就是制作施工的图纸,这也是手册中具体执行方法需要参照的重要部分。一般在终端手册中对店面的整体布局、必要的组成部分以及一些细小的特征性装饰部件都会有详细图解,也就是施工图纸。

4. 工艺说明

在施工制作的过程中会涉及制作工艺的问题。系统化是一个从整体到细节的全方位体现,设计中考虑得越细致,系统化效果越强,因此,工艺是系统化中非常重要的一部分。工艺的选择往往与品牌定位有关,同时还受到施工技术要求的限制,不管怎样,将一种特定的工艺制作终端系统化时,就需要完备的标准说明,手册也起到了这方面的作用。例如在空间展示中可进行品牌特征提示部分的某种材质、某种加工方式的介绍等。

5. 指导施工

在确立了空间客体各方面的形式后,施工指导更多的是按照提供的步骤、流程以及有可能遇到的和需要注意的问题对人的行动做指导。

6. 规范 VI

SIS 终端设计实则为 CIS 中的一部分,它是塑造企业形象或品牌形象中不可分割的且十分重要的终端表现。从流程上来看,当一个企业或品牌明确了市场定位,确立了指导思想后,VI(视觉识别)便成了面向大众眼球的第一步。沿着 VI 所指定的方向,SIS 终端设计可以看作是同一体系下的终端表现,它的呈现形式便是以 VI 为基础和指导的。所以,在终端设计之前,VI 的规范是必要的。

终端手册内容

终端手册共分两种,其作用不同。

1. 终端全案

含基础 VI、终端应用印刷品、包装及全部装修工艺图。

2. 执行手册

省略了印刷品规范,仅含基础 VI、全部装修工艺图。

附:手册内容参考

（1）基础 VI 部分

A 基础识别元素

标志

标志黑白与反白应用格式规范

标志应用格式规范

标志的不同组合规范

标志的错误组合

标志色彩规范

基本应用色彩规范

标志在不同底色上的应用规范

标志色彩错误组合

品牌扩展应用识别元素

辅助识别图形

精神口号

公文中文字体应用规范

公文英文字体应用规范

B 识别元素应用

鞋盒

鞋盒制作图

鞋盒包装袋

鞋盒包装袋制作图

信函纸、信封及便签

记事本

名片

文件夹

胸卡及胸牌

纸杯及笔

礼仪用品

管理人员工作装标志应用

工作人员服装标志应用

各种车体识别格式

公共空间及迎宾台形象墙格式

建筑外识别形象格式

（2）终端执行部分

C 终端店应用标准

三门明店格式

三门明店平面布局图

三门明店天花板平面图

二门明店格式

SIS 终端设计流程

1. 提案阶段

提案是通过一定的调查研究之后制订的品牌营销方针,以此对客户进行演示并说服,最终形成合作关系取得下一步进展的过程。简单来说,提案是在向客户销售一个想法、一种观点,通过与客户的语言交流达成共识,最终促成合作。成功的提案并不只是依靠口若悬河的嘴上功夫,它需要切实站在客户的立场,为客户的品牌拓展得以实现服务,因此需要非常完备的市场战略流程。整个提案流程大致分为调研部分、结论部分和签单合作部分。

(1)调研部分

市场调研:为满足品牌进入市场进行市场推广策划,为销售提供客观依据,也为了解地区市场情况以及消费者的消费习惯、竞争对手的广告策略、销售策略等,进行市场调研是品牌设计的必要前提与重要开始。失之毫厘,谬以千里。如果未进行市场调研或得到不准确的、有偏差的调研结果,整个设计流程以及未来的终端呈现都将面临失败。不同的品牌涉及的营销环节各不相同,但基本上都会涉及消费者与竞争对手两大群体。

客户分析:在委托提案设计中,了解甲方的意愿和要求是十分必要的一环。与甲方良好的沟通或者和客户共同制订设计方案,往往可以为承接方提供很好的参考和借鉴,使设计流程少走弯路,也可以为后续工作明确方向,减少分歧和障碍。

品牌分析:知己知彼,百战不殆。如果说市场调研是作为"知彼"的一步,那么客户分析和品牌分析便是"知己"的部分。这是进行品牌推广非常重要的前提条件,因为品牌分析就是通过了解自身在大环境中的情况,从而确定未来设计的定位与发展方向。品牌分析往往需要在了解品牌发展历史过程、市场环境和各种与品牌发展相关的社会事件后,以分析报告的形式系统地向客户阐述。一般包括品牌历史经营概况分析、品牌销售现状分析、品牌市场环境分析、同类品牌比较分析等。

(2)结论部分

主题立意:通过上述对市场、客户以及品牌的各项分析,明确了分析结果,确立了品牌的大致发展方向,就是主题立意。

市场定位:指企业根据受众定位,有目的地选择目标消费者以及目标消费者市场。企业根据对目标市场的确定来设计和规划自己的企业形象和相应产品的品牌形象,从而取得目标消费群体的关注和认可。

品牌定位:指基于目标消费者和目标消费者市场的需要,企业将自己的产品及其自身品牌形象勾画出一个具有独特个性且有效的良好形象,使其能在消费者心目中占据有价值的位置。品牌定位最终是通过产品来兑现承诺的,品牌定位的目的是将产品转化为品牌,为其在市场上树立一个明确的、有别于竞争对手的、符合消费者需要的形象。品牌定位是从文化取向和个性差异为出发点和最终目标的商业性决策,它是建立一个针对目标市场的品牌形象的过程和结果,从而使品牌形象在消费者心中占有一个特殊的位置。

准确有效的品牌定位是非常重要的,它为企业进入、占领、拓展市场起先导作用,它是品牌经营成功的前提。如果不能有效地对品牌进行定位,树立与目标受众相一致的、独特的品牌个性与形象,就会使产品淹没在众多功能、质量、服务等各方面雷同的商品中。没有品牌整体形象的定位和规划,品牌传播就会出现盲从和缺乏一致性等重要问题。没有有效的品牌定位,就算产品质量再高、性能再好,企业使用各种促销手段,也不能成功。

可以说,今后的商业战争将是品牌的定位战争,定位胜出将是品牌胜出的重要前提。因此,品牌定位是提案的重要部分,对于提案的成功与否有着很大的影响。

意向提案:在经过了各种调研与定位研究之后,确定品牌拓展意向。意向提案相当于总结,在一个完整的提案过程中,起到归纳的作用,使客户最终得到清晰的结论。

研讨定意：在承接方进行提案讲解之后，甲方需要进行研究讨论，来确定对于提案的采纳意见，之后再和设计方进行沟通，确定是否全盘接受或需要修改，这一过程需要双方共同完成。

（3）签单合作部分

在双方对提案达成共识的前提下，签单合作是提案阶段的最后一步，也是进行下一步骤的必要保障。

2. 设计阶段

（1）准备部分

设计阶段前期的准备工作虽然不是真正意义上的设计工作，但包括了前期设想、筹备、组织与合作等方面的内容，而这些工作准备得充分与否，做得是不是到位，直接关系到后期的设计工作能否顺利进行以及最终的设计效果。如何在进入真正的设计阶段之前为其打好基础呢？这就需要我们一步一步踏实地来完成。

①双方成立合作组。签单合作后，也就是说双方在确立了一致的想法后，便进入到实施阶段。要确保设计实施的最终结果不偏离初衷，双方要紧密配合，并且需要双方派出相关人员组成合作组。合作组的成员一般为如下配置。

甲方：引导与协助。一是产品设计师，其对产品造型、性能等各方面了解最全面；二是陈列师，具有陈列经验，尤其针对本方的产品外观特征，对取得最佳展示效果具有重要的指导作用；三是市场营销人，对空间展示与产品陈列如何为品牌推广与产品销售服务，如何达到营销目的非常清楚，因此营销人员的加入很有必要。

乙方：执行与创造。一是平面设计师，从整体上来看，品牌定位、企业精神等意识形态的东西需要通过视觉最终传达给受众，对于空间展示的视觉效果，需要平面设计师把理念转化为视觉，将视觉系统化，系统规范化，并能让受众赏心悦目，达到理想效果；二是展示设计师，其职能与甲方的陈列师比较相似，但他需要操控总体展示效果，除了产品展示外，所有在终端空间中出现的物体以及摆放布置等，都需要展示设计师来设计；三是灯光师，好的终端效果，灯光非常重要，有经验的灯光师会结合空间设计进行灯光布置，甚至因某些题材的需要，空间展示会以灯光效果为主体。

②设计方案的文字脚本。严格意义上来说，到此设计方案的制订已经进入真正的设计阶段，只是是以文字方式进行前期设想与研讨的，这一设想与研究工作一般是由双方组成的合作组来共同完成的。此环节非常重要，文字脚本的制订和确立决定着终端行为的整体方向。关于文字脚本，往往正式的展会需要花费很长时间来酝酿，而一般商业性终端展示对此要求没有那么严格，却很必要。

设计方案和文字规划的内容一般包括：

A 展览的时间、地点、目的、主题；

B 展示的主要内容、重点部分、展品；

C 资料范围对展示设计艺术形式、表现手法和环境气氛的要求等。

设计方案和文字规划的细节要求：

A 每个部分的主标题、副标题、文字内容、实物图片、统计图表等；

B 展示的道具、照明、色彩、材料的运用等都要有明确的要求，以便作为进一步设计的依据。

有了整体的文字性设计构想，一方面便于后期工作的进行，另一方面为组成人员之间的沟通与协调制订了规范。

③设计要点分解。在确立了设计方案的文字脚本之后，需要把各个环节有可能存在的问题以及重点难点进行分析整理，配以相应的解决方案。这一步的依据主要针对文字设计方案中的内容。

④顾客行为分析。消费者的行为心理与商业空间展示设计息息相关。好的设计不仅是在展示商品，更是为了能够满足消费者的购物需求，服务于顾客，便利于顾客。首先，进入展示空间内的消费者心理活动是本身需要和客观影响的综合反映。一般在一个终端空间中的人无外乎三种：有目的、无目的和有选择。

我们的研究主要针对的是外界环境对消费者的影响,在空间的布局以及产品的展示上,要照顾到各类消费者的消费心理。其次,需要通过合理的空间划分和视觉提示来迎合并引导消费者。"引起注意"与"顺利实现"是设计心理的两大重点,这就要求空间展示设计应具有适合的刺激强度与沟通意图。色彩、造型与空间的合理安排是非常重要的。最后,优秀的终端设计不仅仅是被动满足消费者的需求,也是在提升消费者从感官到心理的购物审美需求,这样,空间与受众的互动才能达到最佳效果。

⑤重点产品提要。在设计宣传及展示环节,作为营销主体的产品需要进行提点,尤其是主打产品,这也是设计的着眼点以及在进行设计之前需要注意的方面。

⑥平面布局。终端展示设计的平面图,可以为未来的空间布局提供大致草案。在规划中,平面布局作为空间设计的基础,引导着整体构思和定位。平面布局主要从以下三个方面入手:基本形态、功能安排、时序控制。基本形态是指确定整体的平面设计方案、空间构成方式、对整体与局部进行调整,达到协调一致。功能安排是指空间的配置和展品的陈列按照总体的平面规划顺序与展品特点进行安排。时序控制是指展品的展出顺序和参观者的路线规划应呈现流动式,一般是按顺时针方向陈列展品。

⑦平面设计引导。这一部分是将二维平面结合到三维空间中,用平面来引导空间行程与视觉流程。平面设计的本质在于为其所要表现的题材提供有效的视觉传播形式。空间展示的大部分信息的传达是通过平面设计实现的。空间展示中的平面设计不仅要美观大方,更要清晰明确,它对参观者理解空间起到非常重要的作用。

⑧空间展示设计。在上述步骤完善的情况下,空间展示效果图便是设计部分的最终呈现,它可以很直观地为甲方及乙方提供视觉参照,也可以以此为基础,为后续执行提供依据。

(2)执行部分

①装修样板店。在进行正式成店之前,一般先做一个样板店,作为仿照的例证。样板店是基于前期设计方案来实现的第一个实体空间,这个设计产品的好处是以成品形式让人们身临其境地感受、体会设计意图,如果发现设计的不妥之处可以及时调整。通过样板店基本上可以看到最终的成店效果,除非发生大的失误。一般来讲,成店会在样板店的基础上做调整,以求完善。

②考察问卷反馈。样板店所面向的群体除了作为本方的设计师和甲方,还有消费者等广大受众群,通过现场体验并以问卷方式收纳回馈意见。这是一次检验,也是一次指导,将设计放到受众中的检验方式,可以切实发现问题,对设计具有现实指导意义。

③调整完善。通过对样板店的体验,各方面体验者将自己的感受和发现的问题以调查问卷的形式进行了反馈,接下来的便是对设计的调整完善。调整完善主要从以下几方面进行:一是观看流程是否得当;二是重点产品展示是否醒目;三是空间感官与产品定位是否协调,是否服务于营销;四是平面化格调、色彩、造型等是否还原主题。

④新店装修。这一步骤即将进入设计的最后呈现阶段,是一次呈现,也是一次整合。随着终端空间设计在现代营销手段中的盛行,很多企业也加大对自身品牌终端店的投入,尤其是店面装修,投入的资源逐年加大,足以见其重要性。那么在新店装修中有哪些注意事项呢? 一是要严格按照前期设计意图进行操作。设计的最终实体再现即将完成,在这一阶段能否按照设计预想与意图来完成是重中之重。从造型、色彩到整体的空间布局、平面展示等,每一个细节的完善都关系到整体效果。二是新店装修是为了提升品牌形象与市场推广,因此在确立了自身的设计方向与品牌策略后不要盲目地与别人攀比或模仿,这样无疑与最初的意愿背道而驰。三是在装修中不能面面俱到,应有所侧重,主要还是为产品销售和品牌展示服务,不仅要注重细节也要从整体着眼,分清主次。四是在资金投入上,并非花销越大效果越好,不能够迷信金钱的力量,好的创意有时会事半功倍,而好的创意是为品牌服务的,因此,投入的标准只有一个,那就是能否为提升展示效果与品牌效应带来好处。

终端店面装修完备之后,接下来的任务便是制作终端手册。如上所述,终端手册类似于一种视觉标准与行为规范,以装修的第一个新店为样本,通过终端手册,按照步骤、分解、标注等详细说明,将这些必要过程记录完备,成为一个统一规范,供建立分店参照执行。

至此,经过提案到实施,一套按照统一执行规范制订的终端体系已经建立,这个体系在发展过程中,还需要根据实际情况和客观效果进行不断调整和完善。

(3)调整部分

终端店讲求的是整体划一的视觉感受,突出品牌风格,但根据实际情况进行特殊调整也是完善品牌终端的一部分。

考验期。成功的终端体系并不是一蹴而就的,即便经历了样板店的调整过程,最终店面建立后仍要经过一段时期的实际考验,将设计放到营销环境中观其效果,再根据具体问题重新调整。不同的终端店可根据其自身所处的环境、地理位置、人文特征等实际情况进行调整,调整程度视具体情况而定,但不管如何调整都要符合设计初衷,归于品牌整合。

格式中的可变空间。在空间布局中,固定陈列或摆放物品的空间称为固定空间,而还有一部分空间根据不同情况和要求,其用途可做更改,称为可变空间。例如过厅、通道、楼梯等空间有时根据需求也可能变为陈列空间,而如陈列厅、展览室等固定空间也可根据需要而成为其他用途的可变空间。可变空间为终端展示提供了一个可供调整的伸缩部分。

鞋服品牌终端设计手册例证

为什么选择鞋服作为例证

鞋服品牌仅指服装鞋帽,在中国品牌起步的阶段,以中国鞋服品牌终端为例来了解终端设计的原因在于:

1. 鞋服品牌在民需最前沿;

2. 鞋服品牌永远折射最时尚;

3. 鞋服产品更新演变最快;

4. 鞋服产品最具代表性,是时代风貌的象征;

5. 鞋服品服务范围最广泛;

6. 鞋服品价格区域最宽;

7. 从昂贵的奢侈品到可以成斤买卖的毛货,中间档次繁多;

8. 鞋服品牌终端从城市到乡村,最具终端空间代表性;

9. 中国鞋服产品处在冲锋期,销售途径多种多样,最具研究价值;

10. 中国鞋服品市场风起云涌,竞争激烈,市场前景好,服务空间极大。

鞋服品牌终端手册案例展示

1. 芬迪品牌女鞋终端手册案例展示(图 3-62)

2. 克克品牌女鞋终端手册案例展示(图 3-63)

A 基础识别元素
FOUNDATION RECOGNITION ELEMENTS

A1. 标志应用中文、英文标式规范　　　A2. 标准中英文字字体组合格式规范

FIDI 芬迪®名品

A3. 标志字体复制器应用规范

芬迪®名品　　芬迪®名品　　FIDI　　FIDI

A4. 标志在不同色彩底色上的应用规范　　A5. 标志在不同底色上的应用规范

B 终端店应用标准
SI TERMINAL EXECUTIVE MANUAL

FIDI　　B1. 标准店应用　　B2. 陈列女人标准展

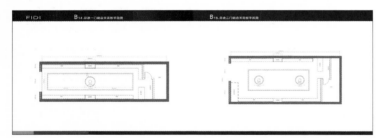

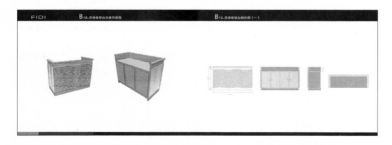

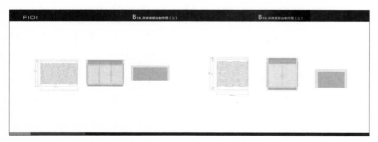

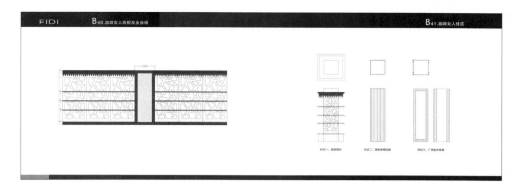

C

2012 年费项目
ANNUAL FEE PROJECT IN 2012

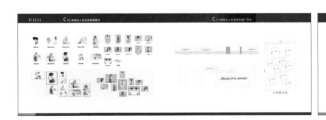

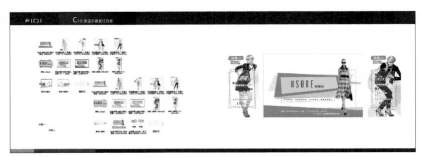

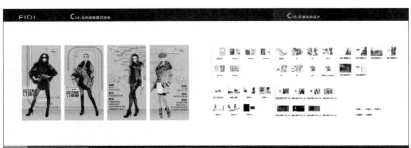

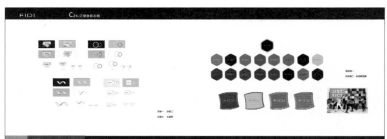

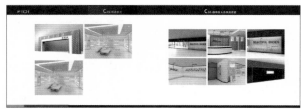

图 3-62　芬迪品牌女鞋终端手册案例展示

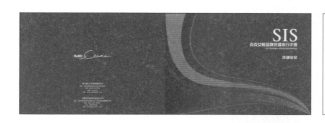
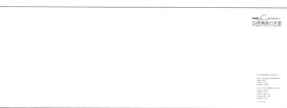

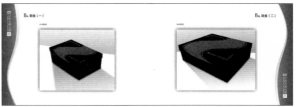

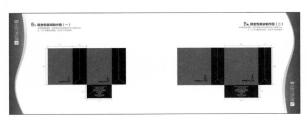

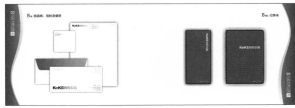

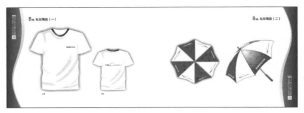

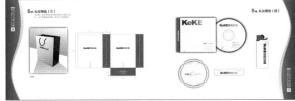

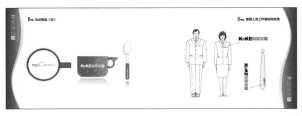

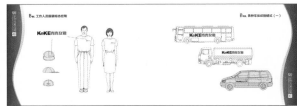

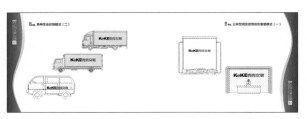

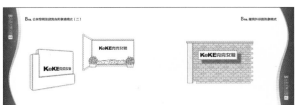

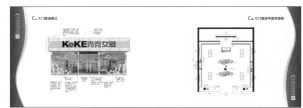

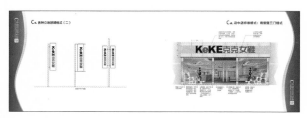

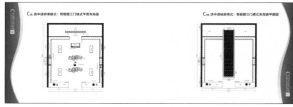

092

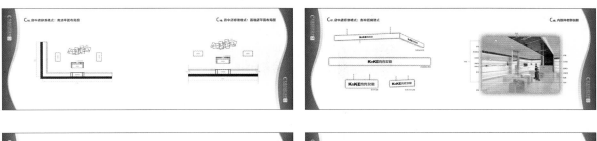

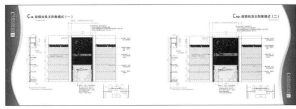

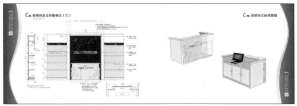

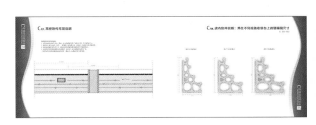

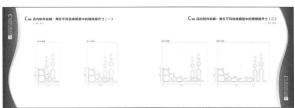

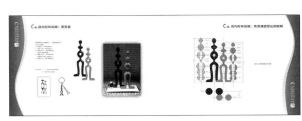

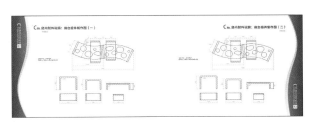

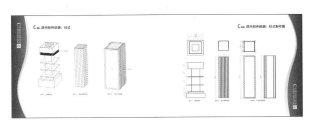

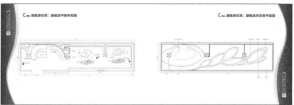

A 基础识别元素

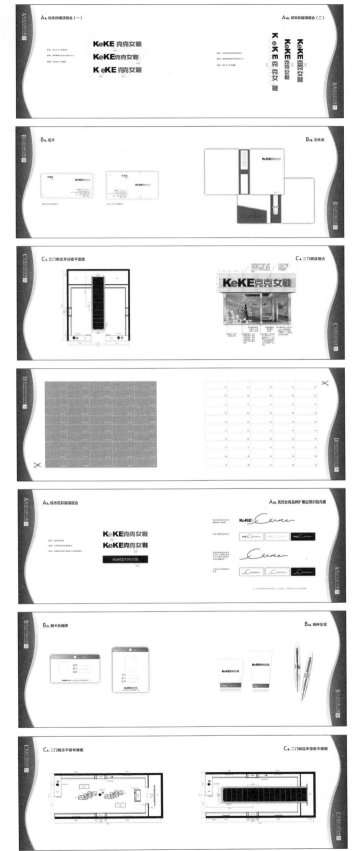

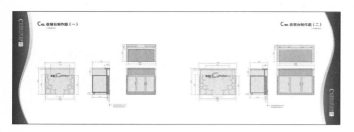

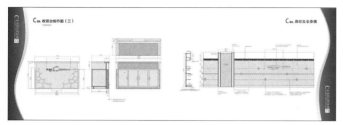

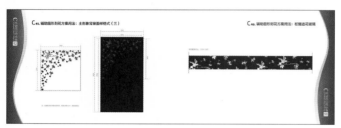

图 3-63　克克品牌女鞋终端手册案例展示

思考题

1. 简要介绍一下橱窗的布置方式。

2. 品牌定位的目的是将产品转化为品牌,为其在市场上树立一个明确的、有别于竞争对手的、符合消费者需要的形象,请简要介绍一下对品牌的分析环节。

3. 仔细学习品牌终端设计手册案例,介绍每个部分的重要性及作用。

第四教学单元

国外知名品牌终端店赏析

导言：本章紧扣前沿思想，收集了精彩的国外知名品牌终端店设计实例，并对其进行了优势分析，从中既可以体验到鲜活精彩的品牌终端空间形象，又可以了解那些耐人寻味的知名品牌的历史故事。创造源泉来源于孜孜不倦地学习，对经典的国外知名品牌终端设计进行赏析学习有助于我们拓展创意思维，正所谓"他山之石，可以攻玉"。

学习关键词：知名品牌、终端设计、橱窗设计、创意空间、启示。

学习建议：在认真学习的基础上，灵活运用理论知识，提高自身的实际品牌设计能力。

国外知名品牌终端店赏析

西班牙 CAMPER 品牌终端店

CAMPER（看步）是西班牙著名的鞋履品牌。在西班牙方言中，Camper 一词是对岛上居民的称呼，这个品牌的鞋以岛上农夫常穿的鞋为设计原型。让我们来了解一下这个品牌是如何成长起来的。时间倒回到 1877 年，当时正值欧洲的工业革命。西班牙有一个名字叫作 Mallorca 的小岛，在岛上有一位名叫安东尼奥·弗拉萨（Antonio Fluxa）的鞋匠，他突发奇想并远渡英国伦敦学习工业生产这种崭新的生产模式。后来，安东尼奥将他的家传制鞋手艺同先进的机械化生产结合，并聘请了一批当地的熟手鞋匠建立了一家鞋厂。这就是 CAMPER 的雏形。这对于技术落后的西班牙来说，的确是创新大胆的举动，为后来 CAMPER 品牌营造打下了稳固的根基，也反映出了 CAMPER 一直以来的那份热爱冒险的品牌精神。1992 年，CAMPER 在建立了良好的品牌声誉后，决定迈向国际市场。CAMPER 首先向欧洲出发，开设专卖店。来自日本的游客对 CAMPER 十分青睐，他们涌进设在欧洲的 CAMPER 专卖店进行抢购。一晃 10 多年，CAMPER 已行销全球 47 个国家及地区，近年来，CAMPER 开始大力发展亚洲市场，并于 2012 年正式登陆中国市场，在北京开设了首家品牌店铺，目前，在中国内地有五间品牌店，分别位于北京和上海。

在品牌空间设计上,CAMPER 并没有随波逐流,把自己加上一个所谓引领时尚的品牌标签,也正因为这样,我们看到了一个与众不同的空间品牌终端店,无论是哪个城市的 CAMPER 专卖店都以清新自然的形象展现在顾客面前。为充分传达品牌的创意精神,在不同城市的终端空间中,墙面上都会表现具有色彩丰富、想象新奇的图案设计风格。在终端连锁形象中,完全统一的部分是它那经典的红底白字品牌标识,以及具有童真情趣的简洁风格。另外,绝大多数店内的商品陈列风格几乎是相似的,更独树一帜的是鞋子的标签或者是随鞋附送的小册子,使消费者每一次购买所看到的图片和用词也不尽相同。但有一个信息是清楚的,这些鞋来自于 Mallorca,一个位于地中海的西班牙小岛。在品牌云集的商业环境中,仅靠这些统一而醒目的品牌形象让我们很容易就识别它。根据不同的地域、文化和历史,CAMPER 品牌店中主要墙壁上会体现出截然不同的平面主题,这些主题的设计灵感往往来自于生活的点点滴滴,以身边的对象为素材,我们常看到的主题有儿童的涂鸦、以品牌识别延伸出来的辅助图形、倡导世界和平友爱的公益海报等。在一个非常看重经济价值的时代里,能看到这样一个有强烈自我意识的、显著的品牌形象,我们会很开心,而它那种低调优雅的品牌风格以及设计舒适的产品,已被很多城市居民所喜爱,并且已经在全球风行。(图 4-1、图 4-2)

德国 AMPELMANN 品牌终端店

德国 AMPELMANN 品牌终端店中的重要形象交通灯小人(Ampelmann)是心理学家卡尔·佩格劳(Karl Peglau)于 1961 年设计的。他认为友善的形象比起单纯的色彩更容易让交通参与者接受信息,因此也更有亲和力,所以他设计了可爱的卡通小人形象作为交通灯上的标志。这两个小人的名字分别是"道

图 4-1 CAMPER 品牌经典统一的红底白字品牌标识 高品 摄

停"先生(Stoppi)和"加紧跑"先生(Galoppo)。两德统一之后,东德的交通灯小人曾经一度被废弃,到了20世纪90年代,一位产品设计师从这对交通灯小人的设计上发现了商机,他把这个形象做成灯具,并且大获成功。随后在市场上出现了越来越多的交通灯小人产品。这个标志从街边的交通灯上走下来,变成了广受欢迎的商业品牌。如今,AMPELMANN已经是德国家喻户晓的品牌,其终端店里挤满了来自世界各地的游人,产品从装饰品到服装、箱子等应有尽有。在德国境内的每个地方,AMPELMANN品牌终端店都做到了系统的完全统一,也正因如此,"道停"先生和"加紧跑"先生形象及其衍生的产品也得到了来自世界各地旅游者的追崇。(图4-3、图4-4)

图4-2　CAMPER品牌具有童真情趣的简洁风格　高品　摄

图 4-3 AMPELMANN 品牌终端店 高品 摄

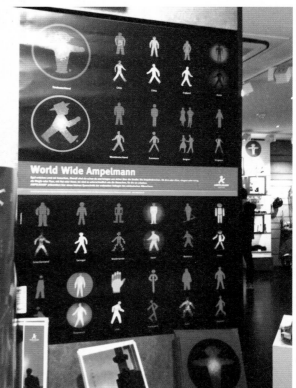

图 4-4　AMPELMANN 品牌终端店　高品　摄

德国 Globetrotter 品牌终端店

Globetrotter 是德国知名户外品牌,其销售模式包括终端店、网络零售、目录销售等。Globetrotter 位于柏林商业区的终端店,面积达 4600 平方米,到处都充满了原生态的气息,很多道具材料都取自大自然,通过设计师的巧妙创新,变成了店内灵动的公共艺术作品,这是商业与公共艺术的完美结合。顾客除了在终端店内购物外,还可以进行室内划船、攀岩、体验寒冷天气等室内户外运动。(图 4-5、图 4-6)

图 4-5 德国 Globetrotter 品牌终端店 高品 摄

图 4-6 德国 Globetrotter 品牌终端店 高品 摄

捷克 Bata 品牌终端店

　　Bata（拔佳）公司是世界上最古老的家族制鞋集团之一，在许多国家，Bata 几乎就是鞋的代名词。Bata 成立于 1894 年，当时 Bata 家三兄弟继承了一笔微薄的遗产并借此开创了自己的事业，三位创始人之一的 Tomas Bata 一直致力于满足顾客的需求。Bata 一直以简洁的风格、轻便的特性以及便宜的价格著称，很快成为高质量和高性价比的代名词，另外，Bata 也以其无与伦比的大量鞋款而闻名世界，当时的很多家庭都选择购买 Bata 提供的价格公道的鞋子，因此 Bata 品牌成了大众家庭的首选。后来在苏联推行东欧的所有公司国有化的压力下，Bata 顽强地在东欧以外的地区开辟了新天地，创立了加拿大 Bata 鞋业公司。如今位于加拿大多伦多的世界级的 Bata 鞋博物馆，由著名设计师 Raymond Moriyama 设计，建筑总共分为四层，以其超过 13,000 多双的藏品，成为世界上最完美的收藏之一。位于捷克布拉格的 Bata 品牌终端店根据商品类别设有四层展示空间，醒目的红色招牌给人以深刻的印象，展示空间选用温和环保的木质材料作为展柜以及装饰道具。在鞋品展柜下部统一放置不同尺码的鞋盒，方便自取和试穿，根据不同年龄的受众需求设有女鞋区、男鞋区以及折扣区。在儿童区中，终端店专门设置了儿童娱乐区域，方便了带儿童的客户，这种人性化的设计确实值得称赞。（图 4-7~图 4-9）

图 4-7　Bata 品牌终端店空间　高品　摄

图 4-8　Bata 品牌终端店空间　高品　摄

图 4-9　Bata 品牌终端店空间　高品　摄

世界顶级品牌终端店橱窗赏析

英国百货

英国是一个永远不缺乏创意的国度,很多百货公司和知名品牌都专门设有自己的橱窗设计部门。无论是悬挂的装置、绚丽的时装还是光怪陆离的插画,都可以成为橱窗设计的灵感来源。2010年夏季的塞尔福里奇百货橱窗,就充分展示了设计师们对社会话题的关注。"事物不可能被创造或者毁灭,而只会被改变"是时下英国很流行的一个大众理念,青年艺术家凯尔·比恩就由此设计了一个橱窗系列,诚如他所言"事物只能被改变"。他用每个橱窗展示一种物品,以两种状态呈现,然后将它们分别悬挂在天平两端。比如一块婚礼蛋糕和制作蛋糕所需的原材料;一个纸质的城堡和折城堡所需的旧故事书;1000只完好的易拉罐和1000个被压成方块的易拉罐……最夸张的是一辆普通摩托车,和一堆被解构的摩托车组件。整个橱窗大胆、有趣,盛况空前,初次推出就成了伦敦人议论的热点。(图4-10)

CHANEL 的环保

CHANEL品牌表现出甜美、优雅、经典的女性魅力,其设计灵感却来自男人服饰,这就是香奈儿女士的信念,几乎启蒙了女性主义,让女人有了自信而迷人的面貌。像至今仍引领时尚风潮的斜纹软呢,最初的想法便来自西敏公爵的衣柜,男装女穿没什么不可以。双C标识、菱格纹、山茶花等都是品牌象征。

橱窗业界流行一句话:最好的橱窗是用廉价、易取得、可循环利用的材料设计而成。一个有社会责任感的品牌在选择橱窗设计的材料时,不但要去考虑它的环保性,还要注重材料的重复使用,做一个真正的环保倡导者和资源节约者。CHANEL的橱窗就将轻便的材料用到了极致,它从自身品牌文化中挖掘素材,如著名的"双C",经典的皮革、珍珠、铁链及特色花纹,都被一一放大并应用到其橱窗的设计当中。剪纸而成的圣诞树、山茶花,由泡沫制成的岩石块都是十分抢眼的小道具。从多角度出发,CHANEL仍然代表着世界上最有影响力的时装品牌的陈列演绎水平。(图4-11)

Dior 的创意

Dior一直都能想到有趣的设计想法,在色彩、材质和整体视觉方面都充满创意。自2001年起,Dior在视觉效果方面一直在跟加州的一家设计公司合作。如在早期的春夏季橱窗中,Dior通过对橱窗两侧镜面的运用,营造了一种通透梦幻的效果。又如在原本普通的模特身上添加细致的妆容,模特的姿势也变得更加自然、灵巧,充分展现了其欲

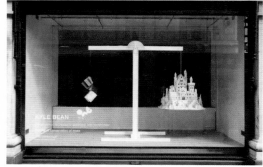

图4-10 凯尔·比恩作品

转向年轻消费群体的商业指向性。它们在材料、灯光、造景上的新主意，总是能够在相当长的一段时间里引领时尚潮流，并总能够被消费者津津乐道。（图 4-12）

图 4-11 CHANEL 品牌橱窗 高品 摄

图 4-12 Dior 品牌橱窗 高品 摄

LONIS VUITTON 的"恶搞"

　　LV（LONIS VUITTON）堪称名牌奢华的领导者，一举一动都左右时尚风潮。从 1896 年诞生的 Monogram 花纹、Epi 水波纹、Damier 棋盘格纹，到近年引领风潮的樱桃包等，都说明 LV 的时尚地位。其传奇故事得从一个来自法国东部乡下的捆工学徒说起。这个学徒专门替贵族捆扎运送长途旅行的行李，他甚至成为专为法国王室整理行李的御用捆工和皮革师，他发明了一种长方形的、防水的皮箱，方便叠放，耐用程度极高，经历铁达尼沉船意外捞起后居然滴水未进。

　　LV 的每一季橱窗主题都是旅行。由于 LV 一直积极投身公益，保护濒临灭绝的野生动物，因此我们看到了其旅行系列的各大箱包，均被放置在类似床褥的打孔海棉前，长颈鹿系着围巾，各种稀奇古怪的公鸡、猫头鹰等动物的标本被放在标本罐中。这一切似乎在提醒人们，再不爱护动物，我们就只能看它们的标本了。（图 4-13、图 4-14）

图 4-13　位于伊斯坦布尔的 LONIS VUITTON 终端店橱窗，热气球的主题元素体现了土耳其特色运动项目　高品　摄

图 4-14　LONIS VUITTON 野生动物主题系列橱窗　张志国　摄

HERMES 的奢华

皮草品牌 HERMES 是有钱也不见得能买得到的神话。一切得从 1837 年说起。HERMES 制作马具起家，马车被汽车取代才转做皮件，这反而是其商业契机。经典的凯莉包灵感便来自装马鞍的袋子，因为摩洛哥王妃葛莉丝·凯莉在狗仔镜头前用它遮掩隆起的小腹而得名。柏金包则是女星珍·柏金为了方便摆放奶瓶、尿布而改良凯莉包的杰作。

从某种程度上说，是 HERMES 开创了橱窗艺术。当众多品牌都还倾向于直接、简单的商品摆设时，它便发现了一种更能吸引人的方式来设计橱窗。它打破了橱窗狭义上的贩卖功能，通过更加丰富的，有如独幕剧场景的布置而使商品活了起来。这种出于商业目的考虑的计划，很快被大家模仿，并促成了今天的橱窗。其巴黎总店的橱窗动用了大量的人力、物力，那种无比奢华的金属质感和色调搭配上的印度风设计，不仅把 HERMES 的品牌文化准确传达了出来，而且几乎将奢华推到了极致。小到包包、首饰、手表、鞋、丝巾，大到餐具、灯饰、装饰画，几乎每一个橱窗都囊括了 HERMES 的经典产品，让人眼花缭乱。它的橱窗不仅是巴黎人记忆的一部分，甚至是巴黎市文化公共财产的一部分。（图 4-15、图 4-16）

图 4-15 HERMES 的奢华橱窗展示 高品 摄

图 4-16 HERMES 的奢华橱窗展示 高品 摄

思考题

1. 了解了国外知名品牌的成功故事和精彩终端设计后，请思考它们在品牌战略方面的优势是什么。

2. 改错练习：寻找已知商业品牌终端店，将店内店外各个部分进行案例分析，将你认为不合理的部分进行修改，最后设计出一套你认为更适合的终端店方案。

3. 对比不同国家的品牌终端设计案例，讲讲它们各自的优势。

第五教学单元
中国品牌设计现状分析及前瞻

导言：我们正处在一个个性化、信息化的时代，而国内的品牌终端设计还存在很多现实问题，这说明中国的品牌市场建设，总体上还处在一个成长期，需要不断完善和补充，循序渐进的发展。公共艺术与商业品牌终端有很多共通之处，将公共艺术语言完美地运用到商业品牌设计中，会使品牌空间更具情感表达性，更注重材料的创新，更强调与环境的融合。

学习关键词：品牌现状、公共艺术语言、绿色设计、发展趋势。

学习建议：品牌设计师的信息储备是必要的，一个成熟的设计需要考虑到方方面面，这样才能用有限的资源，树立有效的品牌形象，实现更好的设计效果。

中国品牌设计现状

随着中国经济形势的快速发展，品牌意识已经在国人心里打下基础，中国的品牌已走过了萌芽期，市场模式和竞争态势也逐渐稳定。但是，市场因素的变化，品牌之间的竞争，国际品牌的进入，都给产业带来了压力、躁动和不稳定因素，这说明中国的品牌市场建设，总体上还处在一个成长期，主要表现在以下几方面：

1. 品牌设计环境不够完善；

2. 品牌更多服务于中低端市场，有待于开发高端市场；

3. 品牌设计与大众脱节，品牌速成、"抢滩登陆"思想严重；

4. 商家对品牌设计与概念存在误解，求新求贵、求异求全思想严重；

5. 环保意识差，造成过多的资源浪费；

6. 一成不变的风格并不适于所有品牌的营造与发展；

7. 过于变化的同一品牌形象又使品牌缺乏识别性；

8. 品牌经营者存在编故事思想；

9. 既精通营造品牌形象又精通展示产品形象的设计师较少；

10.品牌经营者大多还停留在资本积累期,离建立品牌尚有距离。

品牌终端设计的发展趋势

公共艺术语言在商业品牌展示设计中的运用

1. 公共艺术

公共艺术源于英文 Public Art,是第二次世界大战后伴随英语国家的城市开发、建设而诞生的一种公共开放空间中的艺术创作与相应的环境设计。公共艺术是运用艺术化的语言在公共空间进行的艺术行为,它的创作与执行所体现的是大众的文化需求与审美意象,因此具有进行物与物、人与物、人工环境与自然环境之间对话的职能。

2. 公共艺术与商业品牌终端的共同之处

(1)两者的功能性相同

公共艺术具有实用性和装饰性,而商业品牌终端除了它的销售产品的商业实用价值之外还有一个附加价值,那就是艺术观赏性,从这一点来看,商业品牌终端设计融入公共艺术语言,不仅能增强其艺术效果,而且能够优化商业空间环境,从而实现终端设计的附加价值。

(2)两者存在的环境有共同点

对于公共艺术与品牌终端来说,虽然一个属于商业活动,一个属于艺术行为,但是,公共艺术与品牌

图 5-1 GUCCI 品牌终端空间 高品 摄

终端的存在环境都是开放性的公共空间,如果将公共艺术语言融入品牌终端设计,也许是一种创新的开始。

(3)两者存在从属关系

公共艺术设计是城市公共空间里设置的各种雕塑、绘画、装置等艺术作品,以及各类指示标识和城市空间中以商业或公益为目的的制作、展示等行为,从这一点来看,商业品牌终端设计可以划为公共艺术设计的范畴。

(4)两者都强调参与体验

公共艺术既然加上了公共两个字,它就体现了这种艺术是公众喜闻乐见的。而这不仅仅是对作品的观赏,有时候也体现在公众的参与环节,这是一种全新的艺术体验。商业品牌终端设计的成功之处正是吸引公众的视线而进行美好的消费体验,所以,两者都需要吸引公众来参与和体验。(图5-1、图5-2)

3. 商业品牌终端设计运用公共艺术语言案例分析

(1)良好的公共艺术化的设计布局更具情感表达性

品牌设计师常常会遇到如何处理商业环境中的布局形式问题,比如牌匾的安装布局方式、橱窗展示的布局形式以及店内展示商品的摆放。公共艺术语言讲究独具特色的布局设计,营造一种完美的艺术氛围和新鲜的视觉感受。只有认真做到这一点,才能提升公共艺术作品的高度。将这种公共艺术设计理念导入商业品牌终端设计中会有双效作用,使之达到品牌营销与艺术欣赏的完美结合,引领消费者在欣赏之余主动消费。在LV品牌终端店里,产品陈列广告被巧妙布局成了珍稀动物的主题,这种公共艺术化布局,使受众在欣赏产品的同时,也记住了一个理念——珍爱稀有动物。它有强烈的社会公德意识,极具人

图 5-2 Mclaren 汽车品牌空间展示　张志国　摄

情味与吸引力。（图 5-3）

（2）公共艺术讲究材料的创新语言运用

商业品牌空间设计也应通过创新材料的运用，传达给受众各种新信息、新理念。任何艺术作品形式都要通过某种材料来表达和实现其形式效果，公共艺术也不例外。我们经常看到艺术家们利用自然材料、人工材料以及高科技材料来表现多种造型效果，尤其突出的是以废旧材料作为可再利用的材料语言。这种材料感的突破性运用使得公共艺术的表现形式丰富多彩，而且，使得大量废旧材料变废为宝的精彩作品也向受众传达了生态环保的生活理念。另外，公共艺术设计讲究结合多种手段，跨界

图 5-3　LV 品牌终端店珍稀动物的主题展台

打造艺术作品。在商业品牌终端设计的材料选择中，我们看到最常见的形式是木质、金属、石质等材料，很少去讲究材料运用的突破性问题。如果我们将公共艺术的材料语言运用理念，用来服务于品牌终端，那么，我们的选择也许会更多。例如，在 WIN MAX 品牌服饰店的品牌促销活动中，店内全部的广告材料选用的是废旧的纸板，而且运用了很少的广告语言，这就减少了终端店内的广告成本，而且暗示这种打折季的宗旨就是减少消费成本，更多地向受众传达了一种理念——废物利用，节约环保。（图5-4）

（3）公共艺术语言利用实际环境来创造作品

公共艺术作品的创造离不开环境因素，环境诉诸人的视觉、听觉，因此要研究环境背景，突出表现某种主题思想或在特定环境下的主题构思。公共艺术语言不能破坏环境，应善于利用环境营造气氛，把已有环境作为自己作品的一部分，或是把环境作为自己作品的铺垫和补充，进而展示出符合时代脉搏和满足人们审美需求的作品，在艺术与环境融合的基础上形成一个强有力的整体。商业品牌终端设计与公共艺术作品一样存在于公共环境中，同样需要与环境的完美融合。现在的商业环境中出现了很多杂乱无章的设计形式，这些终端店在设计之初并未考虑环境因素，从而产生了不协调的效果，其一方面造成了公共环境的污染，另一方面也影响了终端店的发布效果。我们要知道，结合公共艺术的表现语言而设计出来的终端店形象，对商业环境是一种装点而不是污染。例如，北京是世界瞩目的国际大都市，大型商业空间比比皆是，但最能够代表北京地域特色，云集商业、休闲与观光于一身的，莫过于南锣鼓巷。这条胡同具有丰厚的历史文化积淀，其每个商铺宅院都在诉说着老故事。新世纪以来，不经意间，许多特色店铺与酒吧在这条古老的街巷里逐渐出现，这里的门面和橱窗广告，在设计之时完全考虑了胡同的原始环境和北京的地域文化。有些店面并不像平常印象中的品牌店铺一样经常更新，而是根据纯正老北京胡同的环境特点保持着它的原汁原味，使人们走过这里就能体验到一种古今交错的感觉。有些店面设计是外面古色古香，而内部设计却是个性时尚，这就将终端店铺与传统文化、古老建筑、时尚情趣融为一体，从而构成了南锣鼓巷独特的魅力与风情。一向口味挑剔的美国《时代》周刊，精心挑选了亚洲25处你不得不去的好玩的地方，其中中国有6处被选中，北京南锣鼓巷榜上有名，而这也是一个将商业品牌终端店完美融入公共环境中的一个很好的例证。

图5-4 WIN MAX 品牌终端的废旧纸板材料制作的广告 高品 摄

品牌终端设计中的环保理念

绿色设计是实现人性化设计的根本保障。在满足人类需求的同时,随之而来的是大量的资源被浪费及环境被破坏的问题,这使得人们不得不关注产品在生产和使用过程中资源的消耗以及环境的污染问题。减少环境污染和能源消耗是绿色设计的目标,体现了设计师的道德水平和社会责任心。

1. 适当减少品牌终端店的翻修频率

目前,为了能更好展开商业品牌运作,在市场竞争中占有一席之地,很多中小品牌往往定期将品牌终端店形象进行翻新,甚至摒弃之前的形象,全部重新装修。这种做法不但有悖于打造统一的品牌终端设计形象,容易丧失品牌识别力,而且在品牌终端设计过程中,这种更新换代与过度使用装修材料,耗费了大量的资源和能源。例如,合成木材是常看到的展示设计装修材料,而对我国来说,木材和能源用在这些方面的消耗实在可惜。过度的品牌营造增加了制作、运输和储存的物资、能源和人力成本,对节能减排很是不利,而过度的品牌营造也导致片面追求外观的弊病。品牌的成功不仅仅是华丽的外在,更重要的是品牌所营造出来的优良品质,这种优良品质在消费者心中建立起来的根深蒂固且完美无缺的品牌形象,绝不等同于依靠频繁翻修所创造出来的品牌空间。

2. 运用品牌终端店广告倡导环保理念

品牌终端设计赋予了品牌外在的视觉形象,这种视觉形象的成功打造具有优越的视觉传播效应。而如今我们看到,在商业空间的设计营销中,很少运用低碳环保理念来展开设计,其造成的资源浪费与环境破坏现象让人们越来越关注节能环保问题,也促使越来越多的人加入节能减排的队伍,他们更愿意为环保做一些力所能及的事情。设计、制造和购买过度包装的品牌产品有悖于倡导环保消费。相反,如果我们在终端店营销中将环保理念融入其中,会不会成为一个好的推广行为呢?答案是肯定的。将低碳环保理念融入商业品牌终端设计,不仅能够顺应人们对低碳环保生活的诉求,也能够顺应商家扩大自身知名度的愿望。这能使品牌视觉形象系统、品牌文化传播、商业终端店设计等系列行为构成一个完整的绿色品牌塑造体系,从而取得品牌广告宣传与倡导环保理念的双赢结果。

3. 品牌设计师应致力于绿色设计思考

终端店内的广告要具有自身独特的个性特点,比较同类产品找出不同点,在受众的定位上应具有针对性。有些定位在活泼、开朗、喜欢追求新事物的青年一族;有些定位在沉着、理性、高雅的高收入群体;有的定位在民族、文化、历史层面具有深厚文化底蕴的群体。而绝大多数的终端店都可以走倡导环保的路线,从终端店铺广告的元素上、色彩上、表现上、风格上、形式上、材料上等强化环保设计理念,必定产生独特的视觉效果。因此,在品牌终端设计中,把绿色环保理念作为一个策略提出是十分必要和极为迫切的,它将促使我国艺术设计和商业品牌设计更快地向人性化生存方向发展。把绿色设计思考引入商业环境工程领域,也向设计师们提供了一个新的思考点,开辟了一个新的路径。作为品牌设计师,更需要在这一领域的技术体系、美学思想方面投入更多的精力。

思考题

1. 做一个当今国内品牌设计方面的数据分析,从而得出你的结论。
2. 商业品牌终端设计与公共艺术作品一样存在于公共环境中,同样需要与环境完美融合。请思考一下,在中国的发展模式下,如何利用中国的特有环境与实际情况来为品牌做出有特色的设计?
3. 什么是绿色设计?举例说明品牌设计中体现环保理念的例子。

参考文献

[1] 王受之.世界现代设计史[M].北京:中国青年出版社,2002.

[2] 张本一.宋元都市叫卖声与曲乐的艺术生成[J].民族艺术研究.2009(2):4—10.

[3] 沈苏.服装店铺室外装饰设计浅谈[J].才智.2011(21):335.

[4] 高品.广告设计与创意开发[M].重庆:西南师范大学出版社,2014.

[5] (英)拉克什米·巴斯科兰.世界现代设计图史[M].甄玉,李斌,译.南宁:广西美术出版社,2007.

后　　记

　　写这本书的目的是为设计专业的在校学生和商业空间设计从业人员提供一本实用性的学习用书。在这本书中,纳入了我在一些国家的考察成果及一些关于商业空间展示设计的第一手资料。这本书得到了沈阳艺林广告公司陈启林老师的支持和帮助,非常感谢他。同时要感谢为这本书提供素材的东北大学霍楷老师、沈阳大学徐嘉艺同学,他们的参与使本教材的编写得以顺利完成。

高品于辽宁沈阳

图书在版编目(CIP)数据

商业空间设计:品牌第四维 / 高品主编. –– 重庆：
西南师范大学出版社,2015.9
(高等院校会展与设计专业系列丛书)
ISBN 978-7-5621-7499-8

Ⅰ.①商… Ⅱ.①高… Ⅲ.①商业建筑–室内装饰设
计–高等学校–教材 Ⅳ.①TU247

中国版本图书馆 CIP 数据核字(2015)第 167674 号

高等院校会展与设计专业系列丛书

商 业 空 间 设 计——品 牌 第 四 维

高　品　主编

责任编辑：王　煤
装帧设计：梅木子
出版发行：西南师范大学出版社
　　　　　地址：重庆市北碚区天生路 2 号
　　　　　邮编：400715
　　　　　网址：www.xscbs.com
经　　销：新华书店
制　　版：重庆海阔特数码分色彩印有限公司
印　　刷：重庆康豪彩印有限公司
开　　本：889mmx1194mm　　　1/16
印　　张：8.25
字　　数：170 千字
版　　次：2016 年 5 月第 1 版
印　　次：2016 年 5 月第 1 次印刷
书　　号：ISBN 978-7-5621-7499-8

定　　价：46.00 元